Adobe® 创意大学指定教材

U0353655

Adobe® 创意大学
InDesign 产品专家认证

标准教材（CS6修订版）

◎ 易锋教育　总策划
◎ 宋宁　李小东　魏华　编著

文化发展出版社
Cultural Development Press

内容提要

InDesign软件是一个定位于专业排版领域的设计软件。该软件能够通过内置的创意工具和精确的排版控制为打印或数字出版物设计极具吸引力的页面版式。本书知识讲解安排合理，着重于提升学生的岗位技能竞争力。

本书知识结构清晰，以"理论知识+实战案例"的形式循序渐进地对知识点进行了讲解，版式设计新颖，对InDesign CS6产品专家认证的考核知识点在书中进行了加黑、加着重点的标注，使读者一目了然，方便初学者和有一定基础的读者更有效率地掌握InDesign CS6的重点和难点。本书内容丰富，全面、详细地讲解了InDesign CS6产品的各项功能，包括InDesign CS6的基本操作、工具箱中工具以及工具选项栏的使用方法、文字的基础应用、段落的编辑、文字的高级应用、图形对象绘制与应用、应用框架和图像对象、色彩管理、页面设置、图层、表格、数字出版和InDesign的打印与输出等内容。

本书可作为参加"Adobe创意大学产品专家认证"考试学生的指导用书，还可作为各院校和培训机构"数字媒体艺术"相关专业的教材。

图书在版编目（CIP）数据

Adobe创意大学InDesign产品专家认证标准教材（CS6修订版）/宋宁，李小东，魏华编著.
-北京：文化发展出版社，2014.7（2018.8重印）
ISBN 978-7-5142-0958-7

I.A… II.①宋…②李…③魏… III.排版－应用软件－高等学校－教材 IV.TP391.41

中国版本图书馆CIP数据核字(2014)第100607号

Adobe创意大学InDesign产品专家认证标准教材（CS6修订版）

编　著：宋　宁　李小东　魏　华

责任编辑：张　琪

执行编辑：王　丹　　　　　　　责任校对：岳智勇
责任印制：邓辉明　　　　　　　责任设计：侯　铮
出版发行：文化发展出版社（北京市翠微路2号 邮编：100036）
网　　址：www.wenhuafazhan.com　　www.keyin.cn　　www.pprint.cn
经　　销：各地新华书店
印　　刷：北京建宏印刷有限公司

开　　本：787mm×1092mm　　1/16
字　　数：399千字
印　　张：16.5
印　　次：2014年7月第1版　　2018年8月第2次印刷
定　　价：49.00元
ＩＳＢＮ：978-7-5142-0958-7

◆ 如发现印装质量问题请与我社发行部联系　发行部电话：010-88275710

丛书编委会

主　任：黄耀辉

副主任：赵鹏飞　毛屹槟

编委（或委员）：（按照姓氏字母顺序排列）

范淑兰　高仰伟　何清超　黄耀辉

纪春光　刘　强　吕　莉　马增友

毛屹槟　王夕勇　于秀芹　曾祥民

张　鑫　赵　杰　赵鹏飞　钟星翔

本书编委会

主　编：易锋教育

编　者：宋　宁　李小东　魏　华

审　稿：张　鑫

Preface

Adobe 是全球最大、最多元化的软件公司之一，以其卓越的品质享誉世界，旗下拥有众多深受广大客户信赖和认可的软件品牌。Adobe 彻底改变了世人展示创意、处理信息的方式。从印刷品、视频和电影中的丰富图像到各种媒体的动态数字内容，Adobe 解决方案的影响力在创意产业中是毋庸置疑的。任何创作、观看以及与这些信息进行交互的人，对这一点更是有切身体会。

中国创意产业已经成为一个重要的支柱产业，将在中国经济结构的升级过程中发挥非常重要的作用。2009 年，中国创意产业的总产值占国民生产总值的 3%，但在欧洲国家这个比例已经占到 10% ~ 15%，这说明在中国创意产业还有着巨大的市场机会，同时，这个行业也将需要大量的与市场需求所匹配的高素质人才。

从目前的诸多报道中可以看到，许多拥有丰富传统知识的毕业生，一出校门很难找到理想的工作，这是因为他们的知识与技能达不到市场的期望和行业的要求。出现这种情况的主要原因很大程度上在于教育行业缺乏与产业需求匹配的专业课程以及能教授学生专业技能的教师。这些技能是至关重要的，尤其是中国正处在计划将自己的经济模式与国际角色从 "Made in China/ 中国制造" 提升为具备更多附加值的 "Designed & Made in China/ 中国设计与制造" 的过程中。

Adobe® 创意大学（Adobe® Creative University）计划是 Adobe 公司联合行业专家、行业协会、教育专家、一线教师、Adobe 技术专家，面向国内动漫、平面设计、出版印刷、eLearning、网站制作、影视后期、RIA 开发及其相关行业，针对专业院校、培训机构和创意产业园区创意类人才的培养，以及中小学、网络学院、师范类院校师资力量的建设，基于 Adobe 核心技术，为中国创意产业生态全面升级和教育行业师资水平和技术水平的全面强化而联合打造的全新教育计划。

Adobe® 创意大学计划旨在与国内专业院校、培训机构、创意产业园区以及国家教育主管部门联合，为中国创意行业和教育行业培养更多专业型、实用型、技术型的高端人才，并帮助学生和从业人员快速完成职业和专业能力塑造，迅速提高岗位技能和职业水平，强化个人的市场竞争力，高质、高效地步入工作岗位。

为贯彻 Adobe® 创意大学的教育理念，Adobe 公司联合多方面、多行业的人才组成教育专家组负责新模式教材的开发工作，把最新 Adobe 技术、企业岗位技能需求、院校教学特点、教材编写特点有机结合，以保证课程技能传递职业岗位必备的核心技术与专业需求，又便于实现院校教师易教、学生易学的双重要求。

我们相信 Adobe® 创意大学计划必将为中国的创意产业的发展以及相关专业院校的教学改革提供良好的支持。

Adobe 将与中国一起发展与进步！

Adobe 大中华区董事总经理　黄耀辉

Preface

Adobe 于 2010 年 8 月正式推出的全新"Adobe® 创意大学"计划引起了教育行业强大关注。"Adobe® 创意大学"计划集结了强大的教学、师资和培训力量，由活跃在行业内的行业专家、教育专家、一线教师、Adobe 技术专家以及行业协会共同制作并隆重推出了"Adobe® 创意大学"计划的全部教学内容及其人才培养计划。

Adobe® 创意大学计划概述

Adobe® 创意大学（Adobe® Creative University）计划是 Adobe 公司联合行业专家、行业协会、教育专家、一线教师、Adobe 技术专家，面向国内动漫、平面设计、出版印刷、eLearning、网站制作、影视后期、RIA 开发及其相关行业，针对专业院校、培训机构和创意产业园区创意类人才的培养，以及中小学、网络学院、师范类院校师资力量的建设，基于 Adobe 核心技术，为中国创意产业生态全面升级和教育行业师资水平和技术水平的全面强化而联合打造的全新教育计划。

Adobe® 创意大学计划旨在与国内专业院校、培训机构、创意产业园区以及国家教育主管部门联合，为中国创意行业和教育行业培养更多专业型、实用型、技术型的高端人才，并帮助学生和从业人员快速完成职业和专业能力塑造，迅速提高岗位技能和职业水平，强化个人的市场竞争力，高质、高效地步入工作岗位。

专业院校、培训机构、创意产业园区人才培养平台均可加入 Adobe® 创意大学计划，并获得 Adobe 的最新技术支持和人才培养方案，通过对相关专业技术和专业知识、行业技能的严格考核，完成创意人才、教育人才和开发人才的培养。

加入"Adobe® 创意大学"的理由

Adobe 将通过区域合作伙伴和行业合作伙伴对 Adobe® 创意大学合作机构提供持续不断的技术、课程、市场活动服务。

"Adobe 创意大学"的合作机构将获得以下权益。

1. 荣誉及宣传

（1）获得"Adobe 创意大学"的正式授权，机构名称将刊登在 Adobe 教育网站（www.adobecu.com）上，Adobe 进行统一宣传，提高授权机构的知名度。

（2）获得"Adobe 创意大学"授权牌。

（3）可以在宣传中使用"Adobe 创意大学"授权机构的称号。

（4）免费获得 Adobe 最新的宣传资料支持。

2. 技术支持

（1）第一时间获得 Adobe 最新的教育产品信息、技术支持。

（2）可优惠采购相关教育软件。

（3）有机会参加"Adobe 技术讲座"和"Adobe 技术研讨会"。

（4）有机会参加 Adobe 新版产品发布前的预先体验计划。

3. 教学支持

（1）获得相关专业课程的全套教学方案（课程体系、指定教材、教学资源）。

（2）获得深入的师资培训，包括专业技术培训、来自一线的实践经验分享、全新的实训教学模式分享。

4. 市场支持

（1）优先组织学生参加 Adobe 创意大赛，获奖学生和合作机构将会被 Adobe 教育网站重点宣传，并享有优先人才推荐服务。

（2）有资格参加评选和被评选为 Adobe 创意大学优秀合作机构。

（3）教师有资格参加 Adobe 优秀教师评选；特别优秀的教师有机会成为 Adobe 教育专家委员会成员。

（4）作为 Adobe 创意大学计划考试认证中心，可以组织学生参加 Adobe 创意大学计划的认证考试。考试合格的学生获得相应的 Adobe 认证证书。

（5）参加 Adobe 认证教师培训，持续提高师资力量，考试合格的教师将获得 Adobe 颁发的"Adobe 认证教师"证书。

Adobe® 创意大学计划认证体系和认证证书

（1）Adobe 产品技术认证：基于 Adobe 核心技术，并涵盖各个创意设计领域，为各行业培养专业技术人才而定制。

（2）Adobe 动漫技能认证：联合国内知名动漫企业，基于动漫行业的需求，为培养动漫创作和技术人才而定制。

（3）Adobe 平面视觉设计师认证：基于 Adobe 软件技术的综合运用，满足平面设计和包装印刷等行业的岗位需求，培养了解平面设计、印刷典型流程与关键要求的人才而制定。

（4）Adobe eLearning 技术认证：针对教育和培训行业制定的数字化学习和远程教育技术的认证方案，以培养具有专业数字化教学资源制作能力、教学设计能力的教师/讲师等为主要目的，构建基于 Adobe 软件技术教育应用能力的考核体系。

（5）Adobe RIA 开发技术认证：通过 Adobe Flash 平台的主要开发工具实现基本的 RIA 项目开发，为培养 RIA 开发人才而全力打造的专业教育解决方案。

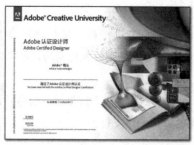

Adobe® 创意大学指定教材

— 《Adobe 创意大学 Photoshop CS5 产品专家认证标准教材》

— 《Adobe 创意大学 Photoshop 产品专家认证标准教材（CS6 修订版）》

— 《Adobe 创意大学 InDesign CS5 产品专家认证标准教材》

— 《Adobe 创意大学 InDesign 产品专家认证标准教材（CS6 修订版）》

— 《Adobe 创意大学 Illustrator CS5 产品专家认证标准教材》

— 《Adobe 创意大学 Illustrator 产品专家认证标准教材（CS6 修订版）》

— 《Adobe 创意大学 After Effects CS5 产品专家认证标准教材》

— 《Adobe 创意大学 After Effects 产品专家认证标准教材（CS6 修订版）》

— 《Adobe 创意大学 Premiere Pro CS5 产品专家认证标准教材》

— 《Adobe 创意大学 Premiere Pro 产品专家认证标准教材（CS6 修订版）》

— 《Adobe 创意大学 Flash CS5 产品专家认证标准教材》

— 《Adobe 创意大学 Dreamweaver CS5 产品专家认证标准教材》

— 《Adobe 创意大学 Fireworks CS5 产品专家认证标准教材》

"Adobe® 创意大学"计划所做出的贡献，将提升创意人才在市场上驰骋的能力，推动中国创意产业生态全面升级和教育行业师资水平和技术水平的全面强化。

教材及项目服务邮箱：yifengedu@126.com。

编著者

2013 年 12 月

Contents

目录

第1章
InDesign CS6 基础知识

InDesign CS6是功能极为强大的专业排版设计和制作工具，用它可以精确控制参考线、图形图像和文字等位置，并与Adobe公司的专业图形图像处理程序（Photoshop与Illustrator）无缝集成，让设计师的创意表现得淋漓尽致。了解InDesign CS6在设计中的重要作用以及使用InDesign CS6进行设计创作的正确流程，让设计师从宏观上了解InDesign CS6能够做什么和怎么做，熟悉InDesign CS6的工作环境以及如何创建一个符合自己工作习惯的界面，可以使设计工作更加轻松愉快。

知识要点

- ➡ 了解Adobe InDesign CS6的工作环境
- ➡ 辅助工具的使用
- ➡ 文档基本操作

1.1 Adobe InDesign CS6 概述

InDesign CS6是Adobe推出的一款优秀的排版软件，它主要适用于定期出版物、海报、画册和其他印刷媒体。

InDesign CS6可以将文档直接导出为Adobe的PDF格式，而且有多语言支持。它也是第一个支持Unicode文本处理的主流桌面出版应用程序，率先使用新型OpenType字体、高级透明性能、图层样式、自定义裁切等功能。它与兄弟软件Illustrator、Photoshop等的完美结合，其界面的一致性等特点都受到了用户的青睐。

使用InDesign CS6可以精确控制参考线、图形图像和文字等位置，并与Adobe公司的专业图形图像处理程序（Photoshop与Illustrator）无缝集成。

1.2 Adobe InDesign CS6 工作环境

1.2.1 基本界面

执行【开始】>【程序】>【Adobe InDesign CS6】命令，便可打开InDesign CS6软件。InDesign CS6的自定义化界面，可以随心所欲地对其调整以符合自己的工作习惯。与Photoshop CS6、Illustrator CS6的界面相似。学习InDesign CS6首先要学习它的工作环境，了解如何调整界面，以便能方便地调用工具，如图1-1所示。

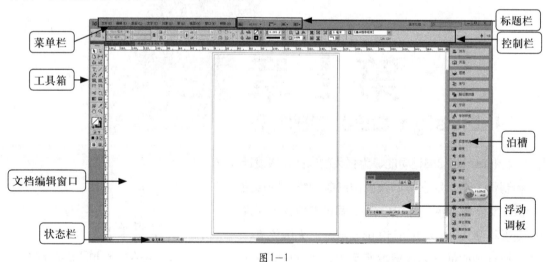

图1-1

1．标题栏

显示该应用程序的名称。在InDesign CS6中，其右上角的3个按钮从左到右依次为【最小化】、【最大化/还原】、【关闭】，分别用于缩小、放大和关闭应用程序。

2．菜单栏

菜单栏包括文件、编辑、版面、文字、对象、表、视图、窗口和帮助9个菜单，提供了各种处理命令，可以进行文件管理、编辑图形、调整视图操作。

3．文档编辑窗口

新建或打开的文件都会在此窗口中显示，在此窗口中可以对文件进行修改、保存等操作。

4．状态栏

可以随时显示编辑文档过程中文件的正确或错误的状态。**当文件没有错误时，状态栏的"印前检查"呈绿色状态，当文件出现错误时，状态栏的"印前检查"呈红色状态。**

1.2.2 / 工具箱和控制栏

1．工具箱

工具箱中的一些工具用于选择、编辑和创建页面元素，另一些工具用于选择文字、形状、线条和渐变。默认情况下，工具箱中的工具为双排显示，单击工具箱顶部的双箭头 ，可以切换为单排。工具箱中的工具说明如图1-2所示。

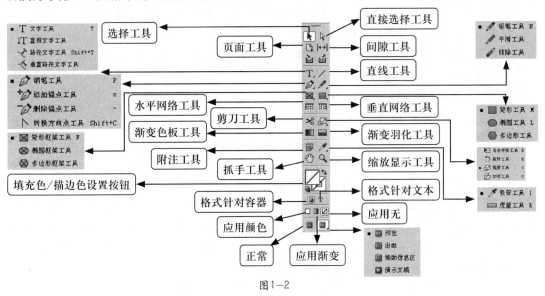

图1-2

选择工具：选择、移动、缩放对象。

直接选择工具：可以选择路径上的点或框架中的内容。

页面工具：可以在文档中创建多种页面大小。

间隙工具：可以调整对象间的间距。

钢笔工具：可以绘制直线和曲线路径。

添加锚点工具：可以将锚点添加到路径。

删除锚点工具：可以从路径中删除锚点。

转换方向点工具：可以转换角点和平滑点。

直排文字工具：可以创建直排文本框架并选择文本。

路径文字工具：可以在路径上创建和编辑文字。

铅笔工具：可以绘制任意形状的路径。

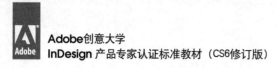

平滑工具：可以从路径中删除多余的角。

抹除工具：可以删除路径上的点。

直线工具：可以绘制线段。

矩形框架工具：可以创建正方形或矩形占位符。

椭圆框架工具：可以创建圆形或椭圆形占位符。

多边形框架工具：可以创建多边形占位符。

矩形工具：可以创建正方形或矩形。

椭圆工具：可以创建圆形或椭圆形。

多边形工具：可以创建多边形。

自由变换工具：可以旋转、缩放或切换对象。

旋转工具：可以围绕一个固定点旋转对象。

缩放显示工具：可以围绕一个固定点调整对象大小。

切变工具：可以围绕一个固定点倾斜对象。

吸管工具：可以对对象的颜色或文字属性进行采样，并将其应用于其他对象。

度量工具：可以测量两点之间的距离。

渐变色板工具：可以调整对象中的起点、终点和渐变角度。

渐变羽化工具：可以将对象渐隐到背景中。

剪刀工具：可以在指定点剪开路径。

抓手工具：可以在文档窗口中移动页面视图。

缩放显示工具：可以提高或降低文档窗口中视图的放大比例。

附注工具：可以添加注释。

在默认工具箱中单击某个工具，可以将其选中，如图1-3所示。**将光标停留在一个工具上，会显示该工具的名称和快捷键**，如图1-4所示。可使用其显示的快捷键选择相应的工具，这样可以避免光标的来回移动，提高工作效率。工具箱中还包含几个与可见工具相关的隐藏工具。工具图标右侧的箭头表明此工具下有隐藏工具。单击并按住工具箱内的当前工具，然后选择需要的工具，即可选定隐藏工具，如图1-5所示。

图1—31　　　　　图1—4　　　　　　图1—5

2．控制栏

控制栏会随着选择不同的工具而显示不同的选项，这些选项与控制选择对象调板中的项目完全相同，可以大大节省时间和提高工作效率，如图1-6所示。

图1—6

1.2.3 调板和泊槽

InDesign调板是用来编辑文字、图像、段落、颜色和设置工具参数与选项的控制框。

InDesign调板的使用同Adobe其他软件如Photoshop和Illustrator相似。InDesign在视图的右边有一个"泊槽"，可以组织和存放调板，在泊槽中单击调板的标签，可弹出该调板，单击弹出调板的 ▶▶ 图标，调板收回，如图1-7所示。或在【窗口】菜单中选择对应的调板名称，如图1-8所示，都可以激活调板。**在泊槽中拖动调板的标签可以分离、组合和连接调板。**

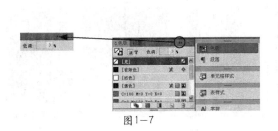

图1—7

图1—8

1.2.4 自定义工作环境

InDesign CS6可以根据自己的工作习惯对工作环境进行设置，并且可以将设置好的工作环境进行存储。设置工作环境时，可以自定义工具箱、调板、快捷键，也可以对工作区存储或删除。

1. 自定义工具箱

将光标放置在工具箱的顶部并将其拖动至工作区域，此时，可以将工具箱从停放窗口脱离，使其处于浮动状态，如图1-9所示；单击工具箱顶部的 ◀◀ 图标可以更改工具箱的外观，如图1-10所示。

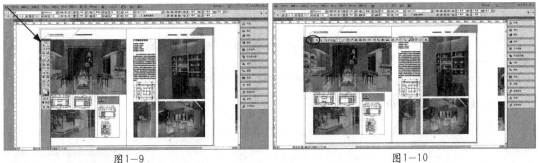

图1—9 图1—10

要使工具箱恢复原样，按住鼠标左键拖动工具箱到界面的最左侧，如图1-11所示，松开鼠标左键，即可将工具箱放回默认的位置，如图1-12所示。

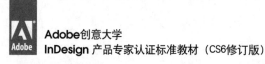

图1-11　　　　　　　　　　　　　图1-12

2. 自定义调板

在调板的顶部单击█按钮，可将泊槽中的调板全部转为打开状态，如图1-13所示。如果要将调板恢复原样，单击调板顶部的█按钮，可将调板关闭，如图1-14所示。

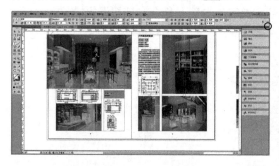

图1-13

图1-14

3. 自定义快捷键

执行【编辑】>【键盘快捷键】命令，弹出【键盘快捷键】对话框，如图1-15所示。单击【新建集】按钮，弹出【新建集】对话框，设置参数，如图1-16所示。

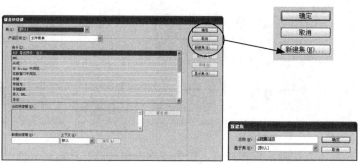

图1-15　　　　　　　图1-16

接着单击【产品区域】右侧的下拉按钮，在弹出的下拉列表中选择需要设置快捷键的区域，如图1-17所示。选择命令选项中要设置或更改快捷键的工具，如图1-18所示。

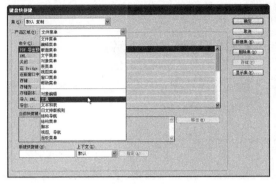

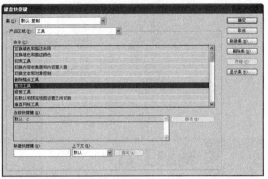

图1-17   图1-18

在【新建快捷键】文本框中插入光标，按下键盘的【F4】键，此时，【新建快捷键】文本框中显示"F4"，表示为指定的快捷键，如图1-19所示，单击【确定】按钮，快捷键设置完毕。

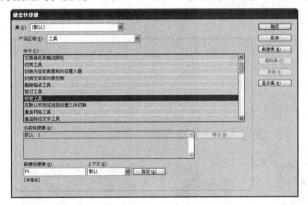

图1-19

4．存储工作区

设置工作区域完毕后，可将工作区存储，执行【窗口】>【工作区】>【新建工作区】命令，弹出【新建工作区】对话框，在对话框中设置相应参数，如图1-20所示。设置完毕后，单击【确定】按钮，即可将该工作区存储，需要使用该工作区域时，在【窗口】>【工作区】子菜单中选择存储的工作区域即可，如图1-21所示。

图1-20   图1-21

5．删除工作区

执行【窗口】>【工作区】>【删除工作区】命令，如图1-22所示，弹出【删除工作区】对话框，在【名称】下拉列表框中选择需要删除的工作区，然后单击【删除】按钮，如图1-23所示，即可删除工作区。

图1-22　　　　　　　　　　　　　　图1-23

1.3　辅助工具

在InDesign CS6中的辅助工具有参考线、标尺、网格。

1.3.1　参考线的设置

参考线在设计时起辅助作用，通过参考线可以精确地标记图片和文字放置的位置，其用途在于帮助定位，在最后输出时不显示。

1．创建参考线

（1）创建页面参考线。创建页面参考线时，将光标放在水平或垂直标尺内侧按下鼠标左键，然后拖动到页面中需放置对象的位置上即可，如图1-24所示。

图1-24

（2）创建跨页参考线。创建跨页参考线时，将光标放在水平或垂直标尺内侧按住【Ctrl（Windows）／Command（Mac OS）】键并按下鼠标左键，然后拖动到页面中需放置对象的位置上即可，如图1-25所示。

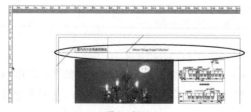

图1-25

（3）创建水平和垂直参考线。要同时创建水平和垂直的参考线时，需要将光标放置在水平和垂直标尺的交叉点上，按住【Ctrl（Windows）/Command （Mac OS）】键并按下鼠标左键，然后拖动到页面中需放置对象的位置上即可，如图1-26所示。

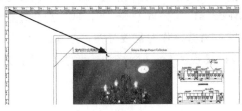

图1-26

2．调整参考线顺序

默认情况下，参考线一般置于对象的前方。这时，有些参考线可能会影响设计师查看一些对象，比如描边宽度，如图1-27所示。设计师可以通过更改首选项设置，将参考线置于对象的后方。

图1-27

执行【编辑】>【首选项】>【参考线和粘贴板】命令，弹出【首选项】对话框，在【参考线选项】选项组中选中【参考线置后】复选框，单击【确定】按钮，完成调整参考线顺序的设置，如图1-28所示。此时，参考线的顺序自动调整至图文的底层，如图1-29所示。

图1-28

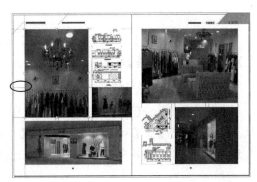

图1-29

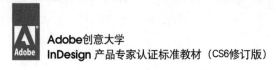
3．删除参考线

选中参考线，然后按【Delete】键就可以把参考线删除。可以一次选择多个参考线，然后按【Delete】键进行删除；也可以一次性清除页面上所有的参考线，按【Ctrl（Windows）／Command（Mac OS）+Alt（Windows）／Option（Mac OS）+G】组合键全选参考线，然后按【Delete】键进行全部删除。在进行删除参考线操作时需要注意，参考线必须在不锁定的状态下才能进行删除。若参考线被锁定，执行【视图】>【网格和参考线】>【锁定参考线】命令，可将参考线锁定解除。

1.3.2 ╱标尺的使用

标尺的默认度量单位是毫米，用来对移动参考线、文本框等起辅助定位等作用。标尺从页面或跨页的左上角开始度量，如图1-30所示，按【Ctrl（Windows）／ Command（Mac OS）+R】组合键可以显示或隐藏标尺。

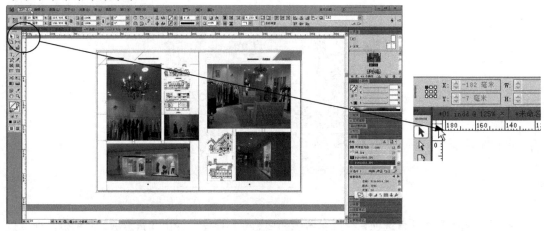

图1-30

1.3.3 ╱网格的应用

网格也是重要的辅助工具之一，用来平均分配空间，方便度量和排列图片，可以准确定位。在页面上有4种网格类型，分别为基线网格、文档网格、版面网格、框架网格。

1．基线网格

执行【视图】>【网格和参考线】>【显示基线网格】命令，页面中出现网格；执行【视图】>【网格和参考线】>【隐藏基线网格】命令，页面中的网格消失。

2．文档网格

执行【视图】>【网格和参考线】>【显示文档网格】命令，页面中出现网格，如图1-31所示。执行【视图】>【网格和参考线】>【靠齐文档网格】命令，当绘制、移动对象或调整对象大小时，对象边缘将靠齐（被拉向）最近的网格交叉点，使对象与网格精确靠齐。

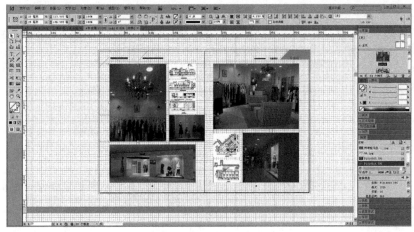

图1-31

3．版面网格

执行【视图】>【网格和参考线】>【显示版面网格】命令，版面中出现网格。执行【视图】>【网格和参考线】>【靠齐版面网格】命令，在版面网格中拖动对象时，对象的一角将与网格四个角点中的一个靠齐。

4．框架网格

执行【视图】>【网格和参考线】>【显示框架网格】命令，选择工具箱中的【水平网格工具】在页面中拉出文本框，文本框里出现网格，如图1-32所示。

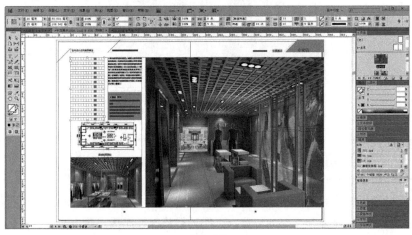

图1-32

1.3.4 实战案例——设置文档辅助线

参考线在设计时起辅助作用，其用途在于帮助定位，下面将会练习如何用参考线来实现图片位置的定位。

01 执行【文件】>【打开】命令，在弹出的对话框中选择"素材/第1章/时装.indd"文

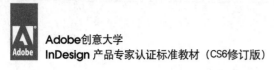

件，并单击打开，完成后的效果如图1-33所示。

[02] 将鼠标移动到标尺上方，分别按住鼠标右键，并拖曳鼠标，创建多条辅助线，并移动到如图1-34所示的位置。

图1-33

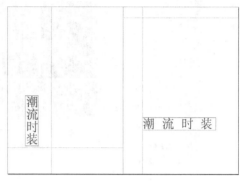

图1-34

[03] 执行【文件】>【置入】命令，在弹出的对话框中选择"素材/第1章/时装2.jpg"、"素材/第1章/时装3.jpg"文件，并单击打开。单击页面两次置入图片，调整图片位置和大小。完成后的效果如图1-35所示。

图1-35

1.4 文档基础操作

在InDesign CS6中开始工作时，要创建一个新的文档或者打开原来的文档进行编辑；对于已经排完的文档，也要保存到指定的位置，以便进行管理和编辑。所以文件的基础操作十分重要，是管理制作文件的基础，也是学习InDesign CS6必备的基础知识。

1.4.1 / 新建文档

执行【文件】>【新建】>【文档】命令，在弹出的【新建文档】对话框中可对用途、页数、页面大小、出血、边距和分栏等进行设置，如图1-36所示。

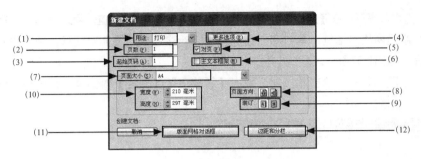

图1—36

1．新建文档选项

（1）用途：可以选择文档的用途，其中包括【打印】和【Web】选项。

（2）页数：在此文本框内可以输入需要新建的文档页数。

根据装订方式的不同设定页数。例如，骑马订要以4的倍数设置页码；环装可根据出版物的要求设计对页或是单页，对页以2的倍数设置页码；单页则不需要考虑。

（3）起始页码：在此文本框中可以输入文档的起始页码，起始页码可根据出版物的不同自行设定。

（4）更多选项：单击此按钮，可以对新建的文档进行更多的设置，其中包括文档的出血和辅助信息。

（5）**对页：选中此复选框，在编辑窗口中可以显示两个连续页面。如书、杂志，就需要选中【对页】复选框。如果创建单页的文件，如名片、海报，就不需要选中【对页】。**

（6）主文本框架：选中此复选框，InDesign能自动以当前页面边距大小创建一个文本框。

（7）页面大小：在此下拉列表框中有多种不同的尺寸大小以供选择。不同的设计品对应的尺寸见表1-1。

表1—1

设计品	尺寸
名片	横版：90 mm×55 mm（方角） 85 mm×54 mm（圆角）
	竖版：90 mm×50 mm（方角） 85 mm×54 mm（圆角）
	方版：90 mm×90 mm
IC卡	85 mm×54 mm
三折页广告	（A4）210 mm×285 mm
普通宣传册	（A4）210 mm×285 mm
文件封套	220 mm×305 mm
招贴画	540 mm×380 mm
手提袋	400 mm×285 mm×80 mm
信纸/便条	185 mm×260 mm /210 mm×285 mm

（8）页面方向：用来设置排版的方向，包括【纵向】和【横向】两个选项。单击选项图标，可以调整和转换【宽度】和【高度】文本框中的参数。

（9）装订：用来设置装订方向，包括【从左到右】和【从右到左】两个选项。一般正常的书籍为左装订，特殊的书籍为右装订。

（10）宽度和高度：在【宽度】和【高度】文本框中可以输入数值，用来自定义页面的尺寸。

（11）版面网格对话框：单击此按钮，弹出【新建版面网络】对话框，用于设置新建网格的版面设置，如图1-37所示。

（12）边距和分栏：单击此按钮，弹出【新建边距和分栏】对话框，用于设置新建文档的边距和分栏，如图1-38所示。

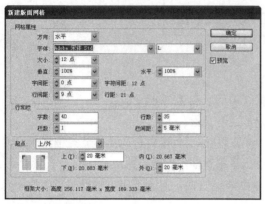

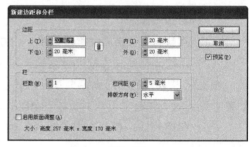

图1-37   图1-38

2．出血

在裁切带有超出成品边缘的图片或背景作品时，有可能会因为裁切而露出白边，所以为了避免白边出现要把页面边缘的图片或背景向页面外扩展出3mm，所以出血区域用于安排超出页面尺寸之外的出血内容，如图1-39所示。

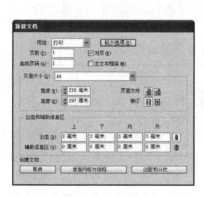

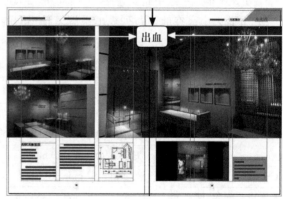

图1-39

3．边距和分栏

在【新建文档】对话框中各项参数设置完毕后，单击【边距和分栏】按钮，弹出【新建边距和分栏】对话框，在对话框中可以设置版面上、下、内、外的边距和版面的分栏数以及栏间距，如图1-40所示，设置完毕后在对话框中单击【确定】按钮，新建的页面出现在文档中，如图1-41所示。

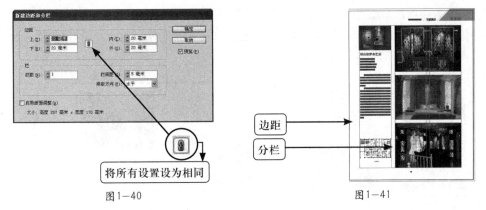

将所有设置设为相同

图1-40

图1-41

通常，天头地脚的留白宽度一般设定在10~20mm，天头要比地脚宽，这样使版心看起来比较稳当，避免头重脚轻。如版心设得过大会使页面看起来太满，造成阅读的不便；版心设得过小会使页面看起来太空、不实。页数比较多的书籍，书本的张合不太方便，订口位置的文字阅读起来也会有些难度，在这种情况下，订口内侧的空白就应该留得更大一些，如图1-42所示。

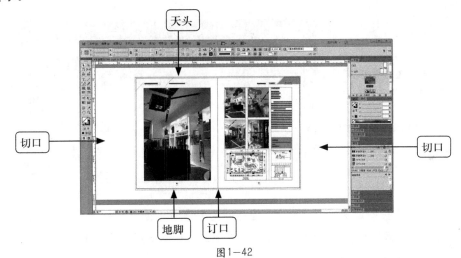

图1-42

出版物的分栏是为了方便阅读和美化版面而设置的，在不同的出版物中设置分栏是很讲究的，下面介绍几种常见出版物分栏的方法。

- 报纸通常分为5栏或6栏，如图1-43所示。
- 期刊杂志通常分为2栏或3栏，如图1-44所示。

图1-43

图1-44

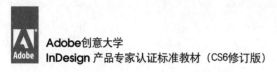

- 文字较多的书籍，如小说、散文、传记通常不分栏，如图1-45所示。
- 科技类的书籍，如以文字为主的，通常不分栏；以图为辅助性说明的，通常是2栏，如图1-46所示。

图1-45

图1-46

1.4.2 保存文档

当对一个已有的文件进行改动后，执行【文件】>【存储】命令，就可将文件保存，如图1-47所示。

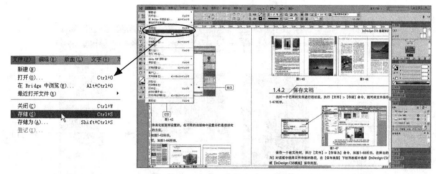
图1-47

保存一个新文件时，执行【文件】>【存储为】命令，如图1-48所示。在弹出的【存储为】对话框中选择文件存放的路径，在【保存类型】下拉列表框中选择【InDesign CS6文档】或【InDesign CS6模板】保存类型。

选择存储为模板的保存类型，能在不破坏原文件的情况下继续使用上一次的版面，因此存储为模板非常适用于设计师在制作每期只改变文字内容而不改变版面设计的期刊杂志，如图1-49所示。

图1-48

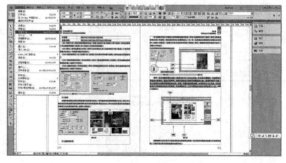
图1-49

InDesign CS6文件还可存储为副本，作为备份文件防止原文件损坏，建议在工作时经常存储文档，保护工作文件不会丢失。

1.4.3 打开文档

执行【文件】>【打开】命令，可以打开文档、模板、书籍和库。在此章节中，将主要学习打开文档和模板的具体方法。

执行【文件】>【打开】命令，弹出【打开文件】对话框，如图1-50所示。

查找范围：可以指定放置文件或文件夹的位置。单击右侧的下拉按钮可以在弹出的下拉列表框中选择其他位置。

文件名：显示打开文件的名称。

文件类型：在下拉列表框中可以选择某种指定的文件格式，在【打开文件】对话框中将只显示该格式的文件。

打开方式：**在打开方式中有3个单选按钮，分别是【正常】、【原稿】和【副本】。选择【正常】单选按钮可以打开原稿文档或模板的副本；选择【原稿】单选按钮可以打开原稿文档或模板；选择【副本】单选按钮可以打开文档或模板的副本。**

在【打开文件】对话框中选择要打开的文件，单击【打开】按钮，即可将选中的文件打开，如图1-51所示。

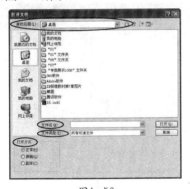

图1-50

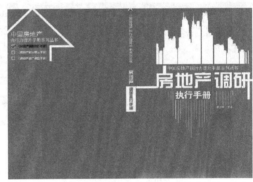

图1-51

在InDesign中还有另外打开文件的方式。使用鼠标直接拖动文件图标至InDesign中，便可直接打开InDesign CS6文档，如图1-52所示；单击窗口上方的Bridge图标按钮，打开Bridge，用鼠标拖动indd图标至InDesign CS6窗口中，也可将文档打开，如图1-53所示。

图1-52

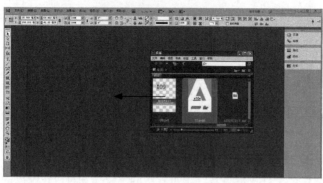

图1-53

1.4.4 打开文档提示窗口

1. 缺失字体对话框

文件在不同的计算机之间拷贝时，如果各个计算机的字体不统一，缺少文件中所用到的字体，在打开文件时，会弹出【缺失字体】对话框，如图1-54所示。

此时，单击【查找字体】按钮，弹出【查找字体】对话框，在该对话框中可以查找和替换缺失的字体，如图1-55所示。

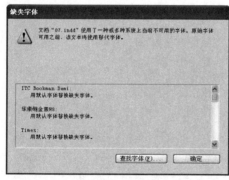

图1-54   图1-55

2. 缺失链接对话框

置入到InDesign文件中的图片如果被删除或位置发生变化，在打开文件时，InDesign将弹出【Adobe InDesign】对话框，如图1-56所示。

单击【不修复】按钮，对话框将关闭，单击【自动修复链接】按钮，将弹出【重新链接】对话框，如图1-57所示。

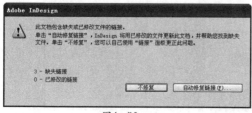

图1-56   图1-57

单击【浏览】按钮可以设置替换链接的图像。如果替换的图像和原图像名称相同，那么图像会自动替换链接，如果替换的图像和原图像名称不同，那么会弹出提示对话框。

单击【跳过】按钮，将不更改该图像的链接，跳到下一个需要更改的图像。

1.4.5 恢复文档

在意外断电或是系统崩溃后，重新启动计算机并运行InDesign CS6，此时会弹出【Adobe InDesign】对话框，在对话框中单击【是】按钮。InDesign CS6会自动显示恢复后的文档，如图1-58所示。

在文档窗口标题栏上的文件名后面会出现"恢复"的字样，表示该文档中包含未被保存的、被自动恢复的变更内容。

此时可保存恢复后的数据，执行【文件】>【存储为】命令，指定位置和新的文件名，如图1-59所示，单击【保存】按钮。保存后，"恢复"的字样会从标题栏消失。

图1-58 图1-59

小知识

在打开一个InDesign CS6文件时，在原文件同一目录下会自动生成一个带锁图标的文件，此文件将会保存用户意外退出前的文件内容。

1.5 更改新建文档

在文档创建完毕之后，如果需要调整页面大小、页数、栏数、栏间距，可以通过【文档设置】和【边距和分栏】对话框进行调整。

1.5.1 更改文档设置

执行【文件】>【文档设置】命令，弹出【文档设置】对话框，在【文档设置】对话框

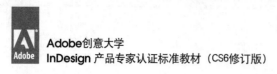
中，可更改页数、页面大小和页面方向，如图1-60所示。单击【更多选项】按钮，还可对出血进行设置，如图1-61所示。

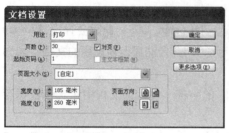

图1-60

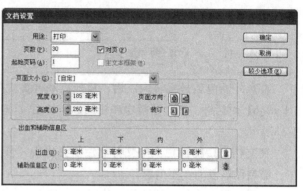

图1-61

1.5.2 / 更改边距和分栏设置

执行【版面】>【边距和分栏】命令，弹出【边距和分栏】对话框，在【边距和分栏】对话框中，可以修改已创建好的文件边距和分栏以及栏间距设置。不过修改边距和分栏要在主页上进行设置才会应用到每个页面中，如图1-62所示。

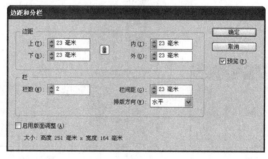

图1-62

例如要更改文档的分栏设置由1栏变为2栏，只需选中要更改分栏设置的页面，执行【版面】>【边距和分栏】命令，在弹出的【边距和分栏】对话框中，将【栏数】设置为"2"，如图1-63所示。

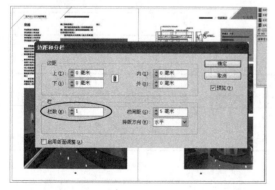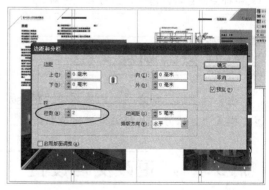

图1-63

1.5.3 实战案例——创建新文档

在文档创建完毕之后，要通过【文档设置】和【边距和分栏】对话框调整页面大小、页数、栏数、栏间距等参数。

01 执行【文件】>【新建】>【文档】命令，弹出【新建文档】对话框，单击【边距和分栏】按钮，弹出【新建边距和分栏】对话框，保留原设置，单击【确定】按钮创建页面，如图1-64所示。

图1-64

02 执行【文件】>【文档设置】命令，弹出【文档设置】对话框。在框内设置数值，如图1-65所示。

图1-65

03 执行【版面】>【边距和分栏】命令，弹出【边距和分栏】对话框，在【边距和分栏】对话框中设置数值，如图1-66所示。

04 调整页面，最终效果如图1-67所示。

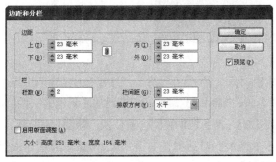

图1-66

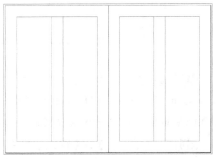

图1-67

1.6 综合案例——杂志封面

知识要点提示

新建、打开和存储文档的使用
应用【复制】和【粘贴】

操作步骤

01 执行【文件】>【新建】>【文档】命令，弹出【新建文档】对话框，将【页数】设为"1"，【宽度】设为"426毫米"，【高度】设为"285毫米"，单击【边距和分栏】按钮，如图1-68所示。

02 弹出【新建边距和分栏】对话框，将【边距】选项组中的【上】、【下】、【内】、【外】均设为"20毫米"，【栏数】设为"2"，【栏间距】设为"6毫米"，单击【确定】按钮，如图1-69所示。

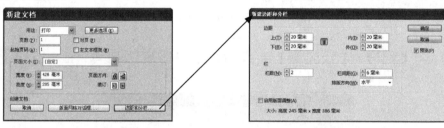

图1-68　　　　　　　　　　　　　　　图1-69

03 执行【文件】>【打开】命令，弹出【打开文件】对话框，打开"素材/第1章/室内设计/素材.indd"文件，如图1-70所示。单击【打开】按钮，文档出现在页面中，如图1-71所示。

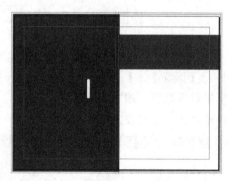

图1-70　　　　　　　　　　　　　　　图1-71

04 选择工具箱中的【选择工具】，选择素材里大的"红色块"，按【Ctrl（Windows）/Command（Mac OS）+C】组合键，执行【窗口】>【未命名2】命令，切换到刚才新建的文件，按【Ctrl（Windows）/Command（Mac OS）+V】组合键，把色块调整到合适位置，如图1-72所示。

05 执行【文件】>【置入】命令，弹出【置入】对话框，打开"素材/第1章/室内设计/YT-007.JPEG"文件，如图1-73所示，单击【打开】按钮。

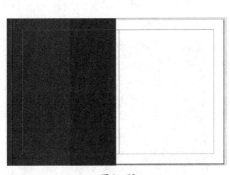

图1—72   图1—73

06 文档中出现图片缩略图，单击，图片出现在文档中，同时按【Ctrl（Windows）/Command（Mac OS）+Shift】组合键将图片适当缩小，摆放在合适位置并适当剪切使其适合文本框，如图1-74所示。

07 切换到素材文件中，选择工具箱中的【选择工具】，选择小的"红色块"，按【Ctrl（Windows）/Command（Mac OS）+C】组合键，切换到新建的文件，按【Ctrl（Windows）/Command（Mac OS）+V】组合键，把色块调整到合适位置，如图1-75所示。

图1—74   图1—75

08 切换到素材文件中，选择工具箱中的【选择工具】，选择"白色块"，按【Ctrl（Windows）/Command（Mac OS）+C】组合键，切换到新建的文件，按【Ctrl（Windows）/Command（Mac OS）+V】组合键，把色块调整到合适位置，如图1-76所示。

图1—76

09 执行【文件】>【打开】命令，打开"素材/第1章/文字1.indd"文件，选择里面的文字，按【Ctrl（Windows）/Command（Mac OS）+C】组合键，切换到新建的文件，按【Ctrl（Windows）/Command（Mac OS）+V】组合键，将文字调整到合适位置，如图1-77所示。

[10] 执行【文件】>【打开】命令，打开"素材/第1章/文字2.indd"文件，选择里面的文字，按【Ctrl（Windows）/Command（Mac OS）+C】组合键，切换到新建的文件，按【Ctrl（Windows）/Command（Mac OS）+V】组合键，将文字调整到合适位置，如图1-78所示。

图1-77

图1-78

[11] 执行【文件】>【打开】命令，打开"素材/第1章/文字3.indd"文件，选择里面的文字，按【Ctrl（Windows）/Command（Mac OS）+C】组合键，切换到新建的文件，按【Ctrl（Windows）/Command（Mac OS）+V】组合键，将文字调整到合适位置，如图1-79所示。

[12] 执行【文件】>【打开】命令，打开"素材/第1章/文字4.indd"文件，选择里面的文字，按【Ctrl（Windows）/Command（Mac OS）+C】组合键，切换到新建的文件，按【Ctrl（Windows）/Command（Mac OS）+V】组合键，将文字调整到合适位置，如图1-80所示。

图1-79

图1-80

[13] 执行【文件】>【打开】命令，打开"素材/第1章/文字5.indd"文件，选择里面的文字，按【Ctrl（Windows）/Command（Mac OS）+C】组合键，切换到新建的文件，按【Ctrl（Windows）/Command（Mac OS）+V】组合键，将文字调整到合适位置，如图1-81所示。

[14] 执行【文件】>【打开】命令，打开"素材/第1章/文字6.indd"文件，选择里面的文字，按【Ctrl（Windows）/Command（Mac OS）+C】组合键，切换到新建的文件，按【Ctrl（Windows）/Command（MacOS）+V】组合键，将文字调整到合适位置，如图1-82所示。

图1-81

图1-82

（15）执行【文件】>【打开】命令，打开"素材/第1章/文字7.indd"文件，选择里面的文字，按【Ctrl（Windows）/Command（MacOS）+C】组合键，切换到新建的文件，按【Ctrl（Windows）/Command（Mac OS）+V】组合键，将文字调整到合适位置，如图1-83所示。

图1-83

（16）执行【文件】>【打开】命令，打开"素材/第1章/文字8.indd"文件，选择里面的文字，按【Ctrl（Windows）/Command（Mac OS）+C】组合键，切换到新建的文件，按【Ctrl（Windows）/Command（Mac OS）+V】组合键，将文字调整到合适位置，如图1-84所示。

（17）执行【文件】>【打开】命令，打开"素材/第1章/文字9.indd"文件，选择里面的文字，按【Ctrl（Windows）/Command（Mac OS）+C】组合键，切换到新建的文件，按【Ctrl（Windows）/Command（Mac OS）+V】组合键，将文字调整到合适位置，如图1-85所示。

图1-84　　　　　　　　　　　　　　　图1-85

（18）执行【文件】>【打开】命令，打开"素材/第1章/文字10.indd"文件，选择里面的文字，按【Ctrl（Windows）/Command（Mac OS）+C】组合键，切换到新建的文件，按【Ctrl（Windows）/Command（Mac OS）+V】组合键，将文字调整到合适位置，如图1-86所示。

（19）执行【文件】>【置入】命令，弹出【置入】对话框，打开"素材/第1章/小图1.tif"文件，文档中出现图片缩略图。单击，图片出现在文档中，将图片调整到合适位置，如图1-87所示。

图1-86　　　　　　　　　　　　　　　图1-87

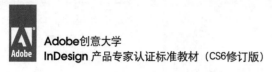

⑳ 使用同样的方法，执行【文件】>
【置入】命令，将"小图2"、"小图3"分
别置入到文档中，并调整到合适位置，如图
1-88所示。

图1-88

㉑ 执行【文件】>【存储】命令，弹出【存储为】对话框，将文件命名为"封面"，如
图1-89所示，单击【保存】按钮将文档保存。封面最终效果如图1-90所示。

图1-89

图1-90

1.7　本章小结

　　在开始使用InDesign之前，首先要了解它的用途。本章主要介绍了InDesign这个排版软件
在设计流程中所处的位置，使广大设计师对InDesign有一个初步的认识。还介绍了InDesign的
界面、工具箱及菜单命令，了解关于InDesign软件的基础设置，这些操作是高级操作的基础。
最后还讲解了如何在InDesign中正确制作一个文件的案例。

1.8　本章习题

选择题

（1）在不同的出版物中设置分栏是很讲究的，期刊杂志一般分（　　　）。

　　A. 5栏到6栏　　　　　　B. 2栏到3栏　　　　　　C. 1栏

（2）下列不属于辅助工具的是（　　　）。

　　A. 参考线　　　　　　B. 标尺　　　　　　C. 工具箱　　　　　　D. 网格

（3）在【新建文档】对话框中，选中（　　　）复选框，在文档编辑窗口中可以显示两
个连续页面。

　　A. 页数　　　　　　B. 主页文本框架　　　　　　C. 对页

第2章
文字的基础应用

在平面排版中，文字是最基础的一部分，文字排列组合的好坏直接影响着版面的视觉传达效果。本章将从文字的基础操作开始介绍，使读者掌握文字的基本应用操作和技巧。

知识要点

→ 掌握【字符】调板的运用
→ 掌握【段落】调板的运用

2.1 文字基础

文字是用来记录和传达语言的书写符号，印刷上用的字符可以分为字种、字体、字号等内容。

2.1.1 文字基础知识

（1）字种：在国内的印刷行业，字种主要有汉字、外文字、民族字等几种。汉字包括宋体、楷体、黑体等。外文字又可以依字的粗细分为白体和黑体，或依外形分为正体、斜体、花体等。民族字是指一些少数民族所使用的文字，如蒙古文、藏文、维吾尔文、朝鲜文等。

（2）字体：字体和字号是文字最基本的属性，字体用于描述文字的形状，印刷中最常见的中文字体是宋体、黑体、楷体、艺术体等。

（3）字号：**字号是区分文字大小的一种衡量标准。国际上通用的是点制，点制又称为磅制（P），以计算字的外形的"点"值为衡量标准。国内则是以号制为主，点制为辅。号制是采用互不成倍数的几种活字为标准的，根据加倍或减半的换算关系而自成系统，可以分为四号字系统、五号字系统、六号字系统等。**字号的标称数越小，字形越大，如四号字比五号字要大、五号字又要比六号字大等。

根据印刷行业标准的规定，字号的每一个点值的大小等于0.35mm，误差不得超过0.005mm，如五号字换成点制就等于10.5点，即3.675mm。外文字全部都以点来计算，每点的大小约等于1/72英寸，即0.35146mm。

InDesign CS6不仅能正确分辨字体，还能准确判断文字的常用字号，为工作带来极大的便利。应该记住的字号如9P、10P、12P、24P、36P等。通常广告公司也会使用一种专门的字号标尺来对字号的大小进行判断。表2-1为印刷汉字尺寸近似对应表。

表2—1

铅字				照相字	
号数	点数	毫米值	说明	级数	毫米值
初号	36.0	12.600	小五号字的4倍	50	12.50
一号	28.0	9.800	四号字的2倍	40	10.00
小一号	24.0	8.400	七号字的4倍	34	8.50
二号	21.0	7.350	五号字的2倍	30	7.50
小二号	18.0	6.300	小五号字的2倍	26	6.50
三号	16.0	5.600	六号字的2倍	22	5.50
四号	14.0	4.900		20	5.00
小四号	12.0	4.200	七号字的2倍	17	4.25
五号	10.5	3.675		15	3.75
小五号	9.0	3.150		13	3.25
六号	8.0	2.800		11	2.75
七号	6.0	2.100		8	2.00

2.1.2 / 创建文字

InDesign CS6获取文字的方法很多，可以直接在页面中输入文字，可以复制、粘贴文字到页面中，也可以在其他软件中录入文字之后置入页面中。

1．输入文字

在页面中可以直接输入横排文字、直排文字、路径文字和垂直路径文字。

输入横排文字，在工具箱中选择【文字工具】，在页面中按住鼠标左键，并拖动到合适位置松开鼠标左键，闪动的光标插入点显示在页面中，此时可以使用键盘输入文字，如图2-1所示。

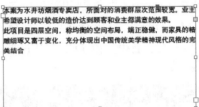

图2-1

输入垂直文字，用鼠标左键长按工具箱中的【文字工具】，从弹出的工具组中选择【直排文字工具】，在页面中按住鼠标左键，并拖动到合适位置松开鼠标左键，闪动的光标插入点显示在页面中，此时可以使用键盘输入文字。

当用【直排文字工具】创建了垂直方向文字后，又想让它变成水平方向的文字，操作方法如下：首先将文字或文本框选中，然后执行【文字】>【排版方向】>【水平】命令，效果如图2-2所示。

图2-2

输入路径文字操作方法如下：**选择【钢笔工具】绘制任意一条路径曲线，用鼠标左键长按工具箱中的【文字工具】，从弹出的工具组中选择【路径文字工具】，当它移到页面上时，单击路径，便会在路径上出现文字光标，输入的文字便会沿路径自动排列，如图2-3所示。**

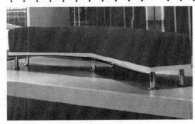

图2-3

输入垂直路径文字操作方法如下：选择【钢笔工具】绘制任意一条路径曲线，用鼠标左键长按工具箱中的【文字工具】，从弹出的工具组中选择【垂直路径文字工具】，当它移到页面上时，单击路径，便会在路径上出现文字光标，输入的文字便会沿路径自动排列。

2. 复制和粘贴文字

可以在其他软件中复制文字然后粘贴到页面中，如选中Word中所需要的文字，按【Ctrl（Windows）/Command（Mac OS）+C】组合键，在InDesign页面中按住鼠标左键，并拖动到合适位置松开鼠标左键，闪动的光标插入点显示在页面中，按【Ctrl（Windows）/Command（Mac OS）+V】组合键，完成操作。

也可以在InDesign中复制和粘贴文字，选中需要的文字，按【Ctrl（Windows）/Command（Mac OS）+C】组合键，按住鼠标左键并拖动，到合适位置松开鼠标左键，闪动的光标插入点显示在页面中，按【Ctrl（Windows）/Command（Mac OS）+V】组合键，完成操作，如图2-4所示。

图2—4

3. 置入文字

执行【文件】>【置入】命令，弹出【置入】对话框，单击【查找范围】右侧的下拉按钮，在弹出的下拉列表中选择文字的路径文件夹，然后在文件列表中选择需要置入的文字所在文件，单击【打开】按钮，如图2-5所示。

光标变成形状，单击页面中的空白处，文字被置入页面中，如图2-6所示。

图2—5

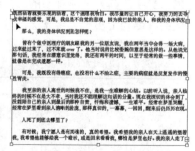

图2—6

2.2 文本框的应用

在InDesign CS6中创建文字必须要有文本框，文本框架是装载文字的容器，认识和正确使用文本框架上的各种图标才能灵活排版文字。选择一种文字工具，在页面中按住鼠标左键并拖动到合适位置松开鼠标左键，此时页面中出现的框称为文本框。每个文本框都有8个控制点和两个端口，控制点可以用来调整框架的大小和形状，端口分为入口和出口，分别表示文本开头和结尾。文本框根据是否完全容纳内容而显示不同的图标。

文本框完全容纳文本时的图标显示如图2-7所示。

图2—7

文本框只容纳部分文本时，文本框的出口端图标的显示如图2-8所示。

图2—8

在InDesign中可以对文本框进行创建、编辑、串接、剪切、删除等操作。

2.2.1 / 创建文本框

将光标放在页面中，当光标变为 ⌶ 形状时，单击鼠标左键并拖动，可以绘制出一个矩形文本框，如图2-9所示。松开鼠标左键，文本框创建完毕，如图2-10所示。

图2—9

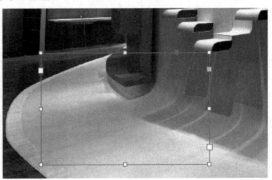

图2—10

2.2.2 / 编辑文本框

通过设置文本框架的属性、更改文本框的形状、设置文本框的颜色编辑文本框。

执行【对象】>【文本框架选项】命令，弹出【文本框架选项】对话框，可以通过设置该对话框中的选项更改文本框的栏数、栏间距、内边距、文本的垂直对齐方式和忽略文本绕排。

选中一个文本框，执行【对象】>【文本框架选项】命令，弹出【文本框架选项】对话框，设置【栏数】为"2"，【栏间距】为"6毫米"，【内边距】选项组中的【上】、【下】、【左】、【右】均设为"2毫米"，【对齐】设为"上"，单击【确定】按钮，如图2-11所示。

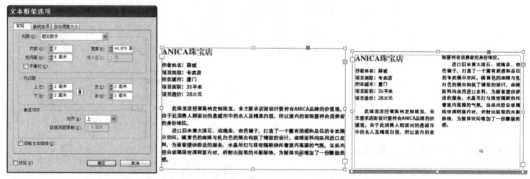

图2-11

在【文本框架选项】对话框中选中【忽略文本绕排】复选框，可使本应进行文本绕排的文本框不进行文本绕排。

在【文本框架选项】对话框中选择【基线选项】选项卡，可更改所选文本框的首行基线选项，【首行基线】选项组中的【位移】下拉列表框有【全角字框高度】（决定框架的顶部与首行基线之间的距离）、【字母上缘】（字体中"d"字符的高度降到文本框架的上内陷之下）、【大写字母高度】（大写字母的顶部触及文本框架的上内陷）、【行距】（以文本的行距值作为文本首行基线和框架的上内陷之间的距离）、【X高度】（字体中"x"字符的高度降到框架的上内陷之下）、【固定】（指定文本首行基线和框架的上内陷之间的距离）6个选项，【最小】文本框用于设置基线位移的最小值。

文本框的形状具有可编辑性，在工具箱中选择【直接选择工具】，选择并拖动文本框上的节点，得到需要的效果。还可以用【添加描点工具】在文本框中增加节点，选择【删除描点工具】删除文本框上的节点，从而获得更加灵活的文本框效果，如图2-12所示。

图2-12

在InDesign中，除了可以更改文本框的形状外，还可以为文本框填色，使文本更加艳丽多彩。

选中文本框，打开【色板】调板，单击【格式针对容器】图标▣，选择需要的颜色，如选择"C=100 M=0 Y=0 K=0"色块，如图2-13所示。

图2-13

2.2.3 文本框的串接

当一段文字较长时，若一个文本框无法完全容纳，则需要放置在多个文本框中，并需要保持它们的先后关系，这时可以通过InDesign CS6的串接文本功能来实现。**在框架之间连接文本的过程称为串接文本。**

每个文本框架都包含一个入口和一个出口，这些端口用来与其他文本框架进行连接。空的入口或出口分别表示文章的开头或结尾。端口中的箭头表示该框架链接到另一框架。**出口中的红色加号（＋）表示该文章中有更多要置入的文本，但没有更多的文本框架可放置文本。这些剩余的不可见文本称为溢流文本**，如图2-14所示。

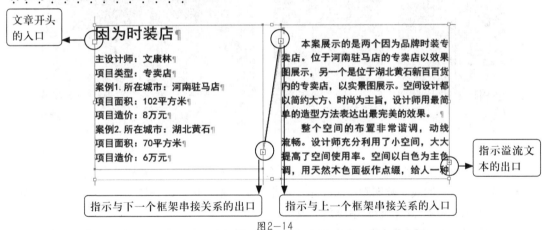

图2-14

1．自动文本串接

（1）全自动排入。执行【文件】>【置入】命令，选择置入的文档，单击【打开】按钮，按住【Shift】键，单击页面，则文字自动灌入页面中，如图2-15所示。

（2）半自动排入。执行【文件】>【置入】命令，选择置入的文档，单击【打开】按钮，按住【Alt（Windows）／Option（Mac OS）】键，单击页面，则只排入当前页面，若文字没有全部排完，则继续单击下一页面，如图2-16所示。

图2-15 　　　　　　　　　　　　　　图2-16

2．手动文本串接

（1）向串接中添加新文本框。选择【选择工具】，选择一个文本框，然后单击出口或入口，如图2-17所示。单击入口可在所选框架之前添加一个框架；单击出口可在所选框架之后添加一个框架。当光标变为 形状时，拖动鼠标以绘制一个新的文本框，如图2-18所示。

（2）使两个文本框串接在一起。选择【选择工具】，选择一个文本框，然后单击出口或入口，当光标变为 形状时，移动到需要连接的文本框上，如图2-19所示。当光标变为 形状时，单击该文本框，则两个文本框串接在一起，如图2-20所示。

图2-17 　　　　　　图2-18 　　　　　　　　　图2-19

（3）断开两个文本框之间的串接。双击前一个文本框的出口或者后一个文本框的入口，两个文本框架之间的线会被删除，后一个文本框的文本都会被抽出并作为前一个文本框的溢流文本。图2-21所示为文本框断开串接后的效果。

图2-20 　　　　　　　　　　　　　　图2-21

2.2.4 文本框的剪切

从串接中剪切文本框架，将其粘贴到其他位置。在一次剪切和粘贴的一系列串接文本框架的过程中，粘贴的框架仍然会保持彼此之间的串接，但会失去与原文章中任何其他框架的串接。

首先选择工具箱中的【选择工具】，选中一个或多个文本框架，然后执行【编辑】>【剪切】命令，转到需要断开链接的文本框架出现的页面中，然后执行【编辑】>【粘贴】命令即可。

2.2.5 文本框的删除

删除串接中的文本框架时，不会删除文本框内的任何文字，而是成为溢流文本。如果文本没有链接到任何文本框，则会删除文本框架及里面的文字。

首先选择工具箱中的【选择工具】，选中一个或多个文本框架，然后按【Delete】键或【Backspace】键即可。

2.3 编辑文字

InDesign可对文档中的文字进行编辑处理，以达到美化版面，突出主题的目的。因此文字处理是影响创作发挥和工作效率的重要环节，是否能够灵活处理文字显得非常关键，InDesign在这方面的优越性则表现得淋漓尽致。

2.3.1 选择文字

在工具箱中选择【文字工具】，当光标变为形状时把光标放在要选择的文字前，按住鼠标左键在文字上进行拖动，到合适位置松开鼠标左键，变黑部分为选择的文字，如图2-22所示。也可以双击，选择两符号之间的文字，如图2-23所示。三击时，选择一行文字；四击时，选择整段文字。

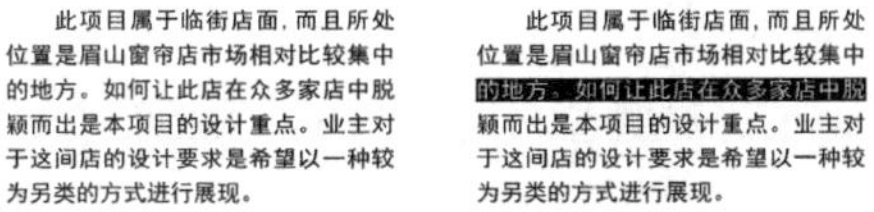

图2-22

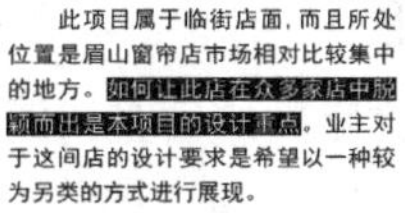

图2-23

2.3.2 文字属性

更改文字属性可以通过【字符】调板来实现。

执行【窗口】>【文字和表】>【字符】命令，打开【字符】调板，在【字符】调板中可以设置文字的字体、字号、字宽等属性，如图2-24所示。

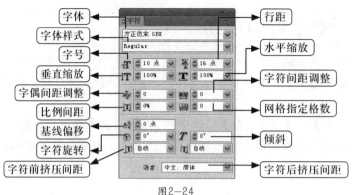

图2—24

1. 字体

字体是由一组具有相同粗细、宽度和样式的字符（字母、数字和符号）构成的完整集合。

设置字体时，在InDesign中选择【文字工具】，选中需要设置的文字，在【字符】调板中选择相应的字体即可，如图2-25所示。

图2—25

2. 字号

字号是指印刷用字的大小，是从活字的字背到字腹的距离。我们所用的字号单位通常是点数制和号数制。

选择工具箱中的【文字工具】，选择文字，打开【字符】调板，在【字体大小】下拉列表框中选择需要的字号，或者直接输入字号大小，如图2-26所示。

3. 行距

相邻行文字间的垂直间距称为行距。行距是通过测量一行文本的基线到上一行文本基线的距离得出的。

执行【窗口】>【文字和表】>【字符】命令，打开【字符】调板。默认的自动行距选项按文字大小的 120% 设置行距（例如，10 点文字的行距为 12 点）。当使用自动行距时，InDesign 会在【字符】调板的【行距】下拉列表框中显示行距默认值，如图2-27所示。将行距值显示在圆括号中，也可删除行距默认值，按情况需要自己设置。

图2-26 　　　　　　　　　　　　　　　　　　图2-27

4．字体缩放比例

字体缩放比例分为【水平缩放】和【垂直缩放】，通过调整文字的缩放比例可以对文字的宽度和高度进行挤压或扩展，如图2-28所示。

图2-28

5．字符旋转和倾斜

【字符旋转】选项可以调整文本的角度，选中文字后，在【字符旋转】文本框中输入相应的数值，文字可按相应角度旋转，如图2-29所示。

【倾斜】选项可以任意设置文字的倾斜角度，参数是正数时文字向右倾斜，参数是负数时文字向左倾斜，如图2-30所示。

图2-29 　　　　　　　　　　　　　　　　　　图2-30

6．字符间距

字符前/后挤压间距是以当前选中的文字为标准，在字符前后插入空格。空格可以是全角空格，也可以是3/4全角空格等。如图2-31所示为插入"3/4全角空格"的效果。

图2—31

在InDesign中，用户可以通过选择【字符】调板中的【字符间距】 选项调整字符间距，也可以在选定文字之间插入一致的字符间距。使用字符间距来调整一个单词或整个文本块。调整字符间距有3个比较典型的方法。

（1）字偶间距

字偶间距调整是增大或减小特定字符对之间间距的过程。

（2）比例间距

对字符应用比例间距会使字符周围的空间按比例压缩。但字符的垂直和水平缩放将保持不变。

（3）网格指定格数

用户可以通过网格指定格数对指定网格字符进行文本调整。

2.3.3 设置文字颜色

要对选取文字设置颜色，不仅可以在工具箱、【颜色】、【色板】、【渐变】调板中设置文字颜色，还可以设置选取文字的描边色。

1．设置文字的单色

要对文本框架内的部分文字应用颜色更改，可使用【文字工具】选择文本，在【颜色】调板中，使用吸管选择需要应用的颜色，如图2-32所示。

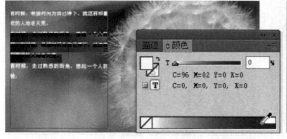

图2—32

需要对某一框架内的全部文本应用颜色更改时，可以使用【选择工具】 选择该框架，如图2-33所示，并确定启用工具箱或【色板】调板中的【格式针对文本】 按钮，然后再对文本应用颜色更改。

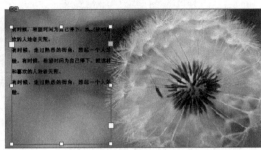

图2-33

2．设置文字的渐变颜色

要对某一框架内的部分文本应用颜色更改，可以使用【文字工具】T选择文本，在【渐变】调板中单击需要应用的颜色，如图2-34所示。

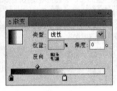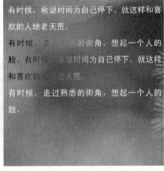

图2-34

用户还可以使用【渐变色板工具】或者【渐变羽化工具】来设置文字的渐变颜色，使用渐变色板工具时，应确保工具箱中的【格式针对文本】按钮T处于启用状态，接着在文本中拖动该工具即可。而使用【渐变羽化工具】设置文字渐变颜色时，应确保工具箱中的【格式针对容器】按钮处于启用状态，接着在文本中拖动该工具即可，效果如图2-35所示。

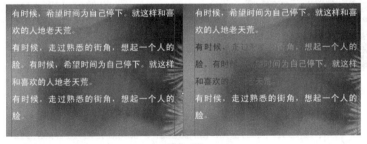

图2-35

3．设置文字的描边颜色

如果直接选择【描边】，则颜色更改只影响字符的轮廓。这时，要使用【文字工具】T选择文本，在【色板】调板中单击【格式针对文本】按钮T并且切换至【描边】按钮，接着选择需要应用的颜色，如图2-36所示。

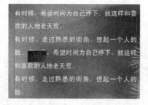

图2-36

2.3.4 实战案例——文字渐变颜色的应用

当一段文字看起来很枯燥的时候，我们可以通过对该段文字添加颜色来改变它给人的视觉疲劳。

01 执行【文件】>【新建】>【文档】命令，弹出【新建文档】对话框，使用其默认值，单击【确定】按钮。

02 执行【文件】>【置入】命令，打开要置入的文档，将文本添加到操作页面中，选中要添加颜色的文字，对文字进行填色，如图2-37所示。

图2-37

03 选中文字，双击【渐变】面板工具，弹出【渐变】调板，调整颜色渐变滑动条上的颜色，效果如图2-38所示。

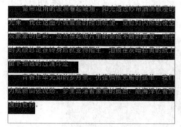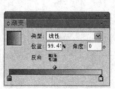

图2-38

2.3.5 【字符】调板快捷菜单

1. 下划线和删除线

要为文本设置下划线和删除线时，要先选择需要修改的文字，单击【字符】调板右侧的小黑三角按钮，在弹出的快捷菜单中选择【下划线】和【删除线】命令即可。如图2-39所示为下划线效果图，如图2-40所示为删除线效果图。

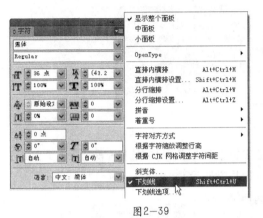

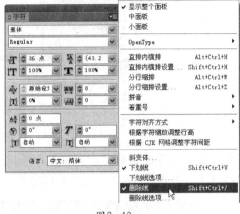

图2-39　　　　　　　　　　　　图2-40

2．设置上标和下标

有些时候，如二次方、三次方等要用到上标或下标。首先选择需要修改的文字，然后单击【字符】调板右侧的小黑三角按钮，在弹出的快捷菜单中选择【上标】或【下标】命令即可。如图2-41所示为上标效果图。

根据需要，可以改变一些默认值，修改系统设置中文字的相关选项，操作方法如下：执行【编辑】>【首选项】>【高级文字】命令，弹出【高级文字】对话框，在【上标】和【下标】文本框中根据需要设置参数值，如图2-42所示。

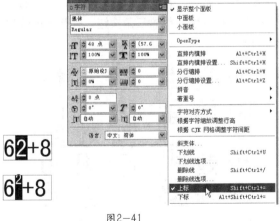

图2-41　　　　　　　　　　　　图2-42

3．添加着重号

在横排文字的上边或下边，或竖排文字的左边或右边添加着重号，起到醒目和提示的作用。InDesign中提供了几种常见的着重号，操作方法如下：**使用【文字工具】选中文字，在【字符】调板菜单中执行【着重号】>【实心三角形】命令**，如图2-43所示。

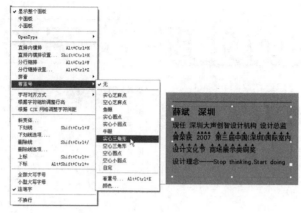

图2-43

自定义着重号的符号和相关设置，执行【字符】调板菜单中的【着重号】>【自定】命令，弹出【着重号】对话框，如图2-44所示，可根据需要设置。

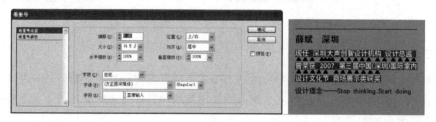

图2-44

4．直排内横排

使用直排内横排（又称为纵中横或直中横）可使直排文本中的一部分文本采用横排方式。通过旋转文本，可使直排文本框架中的半角字符（例如数字、日期和短的外语单词）更易于阅读。首先选择需要修改的文字，然后单击【字符】调板右侧的小黑三角按钮，在弹出的快捷菜单中选择【直排内横排】命令即可，如图2-45所示。

图2-45

在【字符】调板菜单中选择【直排内横排设置】命令，弹出【直排内横排设置】对话框。

在【上下】中指定一个值，以将文本上移或下移。如果指定正值，则文本上移；如果指定负值，则文本下移。

在【左右】中指定一个值，以将文本左移或右移。如果指定正值，则文本右移；如果指定负值，则文本左移。

5. 分行缩排

可以将分行缩排设置为正文文本的随文注释。分行缩排通常包括两行内容。首先选择需要修改的文字，然后单击【字符】调板右侧的小黑三角按钮，在弹出的快捷菜单中选择【分行缩排】命令即可，如图2-46所示。

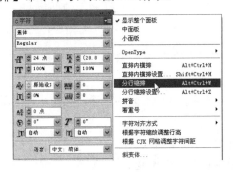

此项目属于临街店面，而且所处位置是眉山窗帘店市场相对比较集中的地方。如何让此店在众多家店中脱颖而出是本项目的设计重点。业主对于这间店的设计要求是希望以一种较为另类的方式进行展现。

此项目属于临街店面，而且所处位置是眉山窗帘店市场相对比较集中的地方。如何让此店在众多家店中脱颖而出是本项目的设计重点。业主对于这间店的设计要求是希望以一种较为另类的方式进行展现。

图2-46

在【字符】调板菜单中选择【分行缩排设置】命令，弹出【分行缩排设置】对话框。

在【行】中，指定要显示为分行缩排字符的文本行数。

在【行距】中，指定分行缩排字符行之间的距离。

在【分行缩排大小】中，选择分行缩排字符的大小。

2.3.6 / 创建轮廓

文字编辑完成后，可以将文字转换为轮廓图形，这时文字将不再具有文字属性，如不能更改字体、字号等，只可以使用路径工具对其进行编辑，这样可以防止在其他的计算机中打开文件时缺失字体。

选择文字，执行【文字】>【创建轮廓】命令，将文字转化为轮廓，如图2-47所示。

图2-47

2.4 特殊字符

2.4.1 / 插入特殊字符

可以插入特殊字符，如破折号和连字符、注册商标符号和省略号等。

使用【文字工具】，在希望插入字符的地方放置插入点。

执行【文字】>【插入特殊字符】命令，在其子菜单中选择要插入的符号，如图2-48所示，

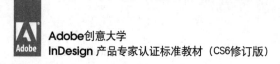

插入【插入特殊字符】命令下【符号】菜单中的【版权符号】，效果如图2-49所示。

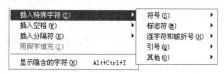

图2-48　　　　　　　　　　　　　　　　　　图2-49

2.4.2 插入空格

空格字符是出现在字符之间的空白区。可将空格字符用于多种不同的用途，如防止两个单词在行尾断开。

使用【文字工具】，在希望插入特定大小的空格的地方放置插入点。

执行【文字】>【插入空格】命令，然后在子菜单中选择一个间距。

2.4.3 插入分隔符

在文本中插入特殊分隔符，可控制对栏、框架和页面的分隔。

使用【文字工具】，在希望出现分隔的地方单击以显示插入点。

执行【文字】>【插入分隔符】命令，然后在子菜单中选择一个分隔符。

下列命令显示在【文字】>【插入分隔符】子菜单上：

【分栏符】将文本排列到当前文本框架内的下一栏。如果框架仅包含一栏，则文本转到下一串接的框架。

【框架分隔符】将文本排列到下一串接文本框架中，不考虑当前文本框架的栏设置。

【分页符】将文本排列到下一页面（该页面有串接到当前文本框架的文本框架）。

【奇数页分页符】将文本排列到下一奇数页面（该页面具有串接到当前文本框架的文本框架）。

【偶数页分页符】将文本排列到下一偶数页面（该页面具有串接到当前文本框架的文本框架）。

上述分隔符在表中不起作用。

【强制换行】在插入字符的地方强制换行。

【自由换行符】插入一个段落回车符。

2.5 段落文字

2.5.1 选择段落

选择工具箱中的【文字工具】，在段落的开头按住鼠标左键，并在页面中拖动至段落的末尾，此时松开鼠标，即可将段落选中。

2.5.2 段落属性

在InDesign中可以使用【段落】调板来调整段落样式，【段落】调板包括大量调整段落的功能，这些功能可以设置段落对齐方式、文本缩进、基线对齐、段前和段后距离、首字下沉等。在应用这些功能时，首先要把设置的文字使用【文字工具】选中。

执行【窗口】>【文字和表】>【段落】命令，打开【段落】调板，如图2-50所示。

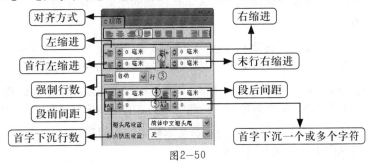

图2-50

1．对齐

InDesign中提供了多种文本对齐的方式，在【段落】调板中可以设置段落的对齐方式，其中包括左对齐、居中对齐、右对齐、双齐末行齐左、双齐末行居中、双齐末行齐右、全部强制双齐等对齐方式。

选择工具箱中【选择工具】，在需要调整的段落中单击，在【段落】调板中选择对齐方式。

（1）左对齐：单击【左对齐】按钮，选中的文本将以段落的左边为基准对齐，如图2-51所示。

（2）居中对齐：单击【居中对齐】按钮，选中的文本将以段落的中心为基准对齐，如图2-52所示。

（3）右对齐：单击【右对齐】按钮，选中的文本将以段落的右边为基准对齐，如图2-53所示。

图2-51

图2-52

图2-53

（4）双齐末行齐左：单击【双齐末行齐左】按钮，选中的文本除末行外全部两端对齐，末行以段落的左边为基准对齐。

（5）双齐末行居中：单击【双齐末行居中】按钮，选中的文本除末行外全部两端对齐，末行以段落的中心为基准对齐。

（6）双齐末行齐右：单击【双齐末行齐右】按钮，选中的文本除末行外全部两端对齐，末行以段落的右边为基准对齐。

（7）全部强制双齐：单击【全部强制双齐】按钮，选中的文本全部两端对齐。

（8）朝向书脊对齐：单击【朝向书脊对齐】按钮▤，选中的文本左页的文字将右对齐，右页的文本将左对齐。

（9）背向书脊对齐：单击【背向书脊对齐】按钮▤，选中的文本左页的文字将左对齐，右页的文本将右对齐。

2．缩进

使用缩进功能可以设置子段落文本与文本框内侧的距离，其中包括左缩进、右缩进、首行左缩进和末行右缩进。

（1）左缩进：通过使用【段落】调板，单击要缩进的段落。在【左缩进】▸▤文本框中输入相应的数值，如输入5，单位为毫米，则选中的文本左侧向内移动5毫米，如图2-54所示。

（2）右缩进：通过使用【段落】调板，单击要缩进的段落。在【右缩进】▤◂文本框中输入相应的数值，如输入5，单位为毫米，则选中的文本右侧向内移动5毫米，如图2-55所示。

（3）首行左缩进：在【首行左缩进】▤文本框中输入相应的数值，选中的文本的第1行左侧向内移动，方法同上，效果如图2-56所示。

图2-54　　　　　　　　　　　图2-55　　　　　　　　　　　图2-56

（4）末行右缩进：在【末行右缩进】▤文本框中输入相应的数值，可以设置行末的缩进量。方法同上。

3．强制行数

强制行数会使段落按指定的行数居中对齐。可以使用强制行数突出显示单行段落，如标题。如果段落行数多于1行，可以选择【强制行数】选项，这样整个段落就可以分布于指定行数。

在【强制行距】▦下拉列表框中，可以将文字的行距设置为指定的行数。

单击【段落】调板中的【强制行数】右侧的下拉按钮，在弹出的下拉列表中选择"2"，效果如图2-57所示。

图2-57

4．段前／后间距

使用段前/后间距可以调整段落和段落之间的距离，使用段间距时如果某段落始于栏或框架的顶部，则 InDesign 不会在该段落前插入额外间距，对于这种情况，可以增大该段落第1行的行距或该文本框架的顶部内边距。 在【段前间距】和【段后间距】文本框中输入相应的数值，段与段之间的距离将会自动增大。

5．首字下沉

使用首字下沉可以设置段首的几个字的行高和文字的大小。设置首字下沉时，要将光标插入该段落的前面。

（1）首字下沉行数：在【首字下沉行数】  文本框中输入相应的数值，可以设置文本的高度。

（2）首字下沉一个或多个字符：在【首字下沉一个或多个字符】 文本框中输入相应的数值，可以设置首行下沉的字数，如图2-58、图2-59所示。

图2-58   图2-59

6．避头尾设置

不能出现在行首或行尾的字符称为避头尾字符，如当行的第一个字符为"。"时，设置【避头尾设置】选项，则可以使该符号不成为该行的第一个字符。

在【段落】调板中单击【避头尾设置】右侧的下拉按钮，在弹出的下拉列表中选择【简体中文避头尾】选项，效果如图2-60、图2-61所示。

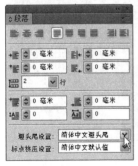

图2-60   图2-61

执行【文字】>【避头尾设置】命令，弹出【避头尾规则集】对话框。

禁止在行首的字符：指该标点或符号不能出现在行的第一个字符中。

禁止在行尾的字符：指该标点或符号不能出现在行的最后一个字符中。

悬挂标点：指该标点可以在行外显示。

禁止分开的符号：指该标点不能分开。

在【避头尾规则集】对话框中单击【新建】按钮，可以从其他文档导入内容。输入该避头尾集的名称，然后指定其作为新集基准的当前集。

要删除避头尾集时，在【避头尾规则集】对话框中，从【避头尾设置】下拉列表框中选择要删除的避头尾设置，单击【删除集】按钮，如图2-62所示。

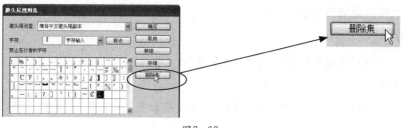

图2-62

2.5.3 【段落】调板快捷菜单

1. 项目符号和编号

项目符号放在文本（如列表中的项目）前以添加强调效果的点或其他符号，即在各项目前所标注的符号。添加项目符号的操作如下：单击【段落】调板右侧的小黑三角按钮，在弹出的快捷菜单中选择【项目符号和编号】命令，在弹出对话框的【列表类型】下拉列表框中选择【项目符号】，单击【添加】按钮，选择要用作项目符号字符的字形（不同的字体系列和字体样式包含不同的字形），单击【确定】按钮，如图2-63所示。

图2-63

2. 保持选项

可以防止段落的最后一行在栏的第一行或段落的第一行在栏的最后一行。

单击【段落】调板右侧的小黑三角按钮，在弹出的快捷菜单中选择【保持选项】命令，如图2-64所示。弹出【保持选项】对话框，如图2-65所示。

选中【保持各行同页】复选框，选择【在段落的起始/结尾处】单选按钮，指定段首和段尾需要显示的行数，即可避免出现页首或页尾的孤行，如图2-66所示。

选择【段落中所有行】单选按钮，使段落中的文本在同一行，如图2-67所示。

图2-64　　　　　　　　　　　　图2-65

图2-66

图2-67

3．连字

连字以单词列表为基础，为了使左右段落长度相同，把行尾出现的较长单词断开，并在该位置使用连字符表示。

单击【段落】调板右侧的小黑三角按钮，在弹出的快捷菜单中选择【连字】命令，弹出【连字设置】对话框，如图2-68所示，在其中进行设置。

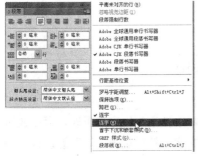
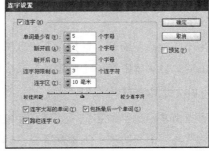

图2-68

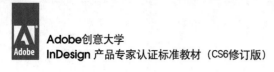
4．段落线

选择段落调板菜单中的【段落线】命令，打开弹出【段落线】对话框，选择【段前线】命令，选中【启用段落线】复选框，效果如图2-69所示。

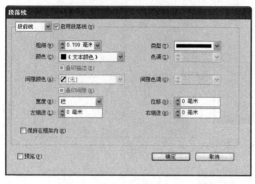

图2-69

【粗细】：选择一种粗细效果或输入一个值，以确定段落线的粗细。在【段前线】中增加粗细，则向上加宽该段落线；在【段后线】中增加粗细，则向下加宽该段落线。

叠印描边：如果要确保在印刷时描边不会使下层油墨挖空，要选中【叠印描边】复选框。

颜色：【色板】调板中所列为可用颜色。选择【文本颜色】选项，使段前线颜色与段落中第一个字符的颜色相同，使段后线颜色与段落中最后一个字符的颜色相同。

色调：选择色调或指定一个色调值。色调以所指定颜色为基础。注意，无法创建【无】、【纸色】、【套版色】或【文本颜色】等内建颜色的色调。

间隙颜色/色调：如果指定了实线以外的线条类型，选择【间隙颜色】或【间隙色调】，以更改虚线、点或线之间区域的外观。

宽度：选择段落线的宽度，可以选择【文本】（从文本的左边缘到该行末尾）或【栏】（从栏的左边缘到栏的右边缘）选项。如果框架的左边缘存在栏内边距，段落线将会从该内边距处开始。

位移：要确定段落线的垂直位置，在【位移】文本框中输入一个值。

保持在框架内：要确保是在文本框架内绘制文本之上的段落线，选中【保持在框架内】复选框。如果未选中此复选框，则段落线可能显示在文本框架之外。

左/右缩进在【左缩进】和【右缩进】文本框中输入值，设置段落线的左缩进或右缩进。

如果要使用另一种颜色印出段落线，并且希望避免出现印刷套准错误，选中【叠印描边】复选框。然后单击【确定】按钮。

5．连数字

连数字用于防止数字断开。选择需要修改的文字，然后单击【段落】调板右侧的小黑三角按钮，在弹出的快捷菜单中选择【连数字】命令即可。

6．在直排文本中旋转罗马字

要想使直排文本中的半角字符（如罗马字文本或数字）的方向更改，可以通过选择【在直排文本中旋转罗马字】来实现。选择需要修改的文字，然后单击【段落】调板右侧的小黑三角按钮，在弹出的快捷菜单中选择【在直排文本中旋转罗马字】命令即可，如图2-70所示。

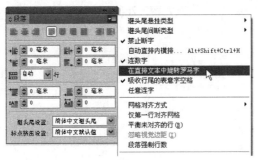

图2-70

2.5.4 实战案例——点文字转换为段落文字

[01] 执行【文件】>【新建】>【文档】命令，在弹出的【新建文档】对话框中设置方向参数为"横向"，其他参数均为默认设置，单击【边距和分栏】按钮，在弹出的【新建边距和分栏】对话框中设置参数为默认设置，单击【确定】按钮，创建文件，执行【文件】>【置入】命令，弹出【置入】对话框，打开"素材/第2章/素材002.jpg"文件，按住【Ctrl+Shift】组合键调整图像的大小，效果如图2-71所示。

[02] 使用【文字工具】在画板上拖曳出一个文本框，然后输入文字"星河社区第一届花卉养殖交流会"，如图2-72所示。

图2-71

图2-72

[03] 选中输入的文字，将文本设置为"居中对齐"，如图2-73所示。

[04] 使用【文字工具】选中文本"星河社区"和"第一届"之间。执行【文字】>【插入分隔符】>【段落回车符】命令。完成制作，效果如图2-74所示。

图2-73

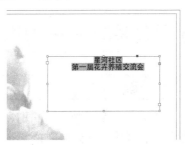

图2-74

[05] 使用【文字工具】选中文本"星河社区"，设置【字体大小】为"36点"，【行距】为"48点"，效果如图2-75所示。设置文本"第一届花卉养殖交流会"，设置【字体大小】为

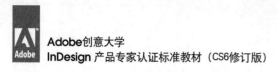
"24点"，【行距】为"30点"，效果如图2-76所示。

图2-75

图2-76

06 使用【文字工具】在画板上拖曳出一个文本框，然后输入文字"地点：星河社区居委会日期：2013年10月15日"，如图2-77所示。

07 选中输入的文字，将文本设置为"左对齐"，使用【文字工具】选中文本"居委会"和"日期"之间。执行【文字】>【插入分隔符】>【段落回车符】命令。完成制作效果，如图2-78所示。

图2-77

图2-78

08 使用【文字工具】选中文字"地点：星河社区居委会日期：2013年10月15日"，设置【字体大小】为"24点"，【行距】为"30点"，使用【移动工具】移动到如图2-79所示位置。

图2-79

2.6 综合案例——海报

📹 知识要点提示

【字符】调板及字符调板菜单的应用

【段落】调板及段落调板菜单的应用

📁 操作步骤

01 执行【文件】>【新建】>【文档】命令，弹出【新建文档】对话框，在对话框中将

【页数】设为"1"，【宽度】设为"90毫米"，【高度】设为"50毫米"，单击【边距和分栏】按钮，如图2-80所示。

02 弹出【新建边距和分栏】对话框，将【边距】选项组中的【上】、【下】、【内】、【外】均设为"0毫米"，【栏数】设为"1"，单击【确定】按钮，如图2-81所示。

图2-80 　　　　　　　　　　　　图2-81

03 选择【矩形工具】在文档的上下边缘绘制两个矩形，并设置其中一个大的矩形的填充色为"C68 M52 Y5 K0"，小的矩形填充黑色，效果如图2-82所示。

04 使用【钢笔工具】绘制图形，并执行【对象】>【效果】>【基本羽化】命令，如图2-83所示。

 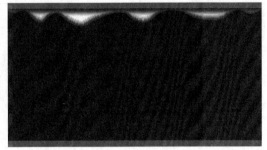

图2-82 　　　　　　　　　　　　图2-83

05 执行【文件】>【置入】命令，弹出【置入】对话框，打开"素材/第2章/书签卡片/图1"等五个文件，使用【旋转工具】调整图片方向，并设置描边，效果如图2-84所示。

06 使用【文字工具】在视图的中间输入卷首语和标题，并在工具选项中设置文字的字体和文字的大小，如图2-85所示。

图2-84 　　　　　　　　　　　　图2-85

07 在标题下输入正文，如图2-86所示。

08 使用【文字工具】在宣传页右下方输入文字，设置字体为"Adobe宋体 Std"，【字体大小】为"12点"，如图2-87所示。至此，完成制作。

图2-86

图2-87

2.7　本章小结

通过本章的学习，能掌握文字创建的基本操作，中文排版中文字编辑需要注意的问题以及运用样式提高工作效率，最后通过纯文字设计实例熟练掌握InDesign CS6对文字的处理功能。

2.8　本章习题

选择题

（1）在【字符】调板中不可以设置文字的（　　）。

　　A. 字号　　　　　　　B. 基线　　　　　　　C. 行距　　　　　　　D. 字体缩放比例

（2）将文字转换为（　　），这时文字将不再具有文字属性，如不能更改字体、字号等，这样可以防止在其他的计算机中打开文件时缺失字体。

　　A. 轮廓图形　　　　　B. 变量　　　　　　　C. 锁定

（3）在【段落】调板中不能调整（　　）。

　　A. 左缩进　　　　　　B. 强制行数　　　　　C. 首字下沉行数　　　D. 保持选项

第3章
文字的高级应用

InDesign CS6提供了强大的文字编辑处理功能，其功能不仅能够完成一般的文字编辑操作，还可以按照要求灵活方便地进行各种版式设计。为了达到版式多样化的要求，就需要对文字进行调整处理。

知 识 要 点

➡ 掌握复合字体的设置
➡ 掌握标点挤压的设置

3.1 样式的应用

在InDesign中很多的功能都可以自定义样式，其中包括字符样式、段落样式等。在进行排版工作时，将一组设置记录在样式中，将其应用于其他需要相同设置的对象，可以使工作更加规矩便捷，提高效率。

3.1.1 字符样式

字符样式是通过一个步骤就可以应用于文本的一系列字符格式属性的集合。

使用【字符样式】调板可以创建、应用、编辑、删除字符样式。将所创建的字符样式应用于文本时，只要选中文字，单击【字符样式】调板中相应的样式按钮，便可应用。

1．创建字符样式

创建字符样式时，执行【窗口】>【样式】>【字符样式】命令，打开【字符样式】调板，如图3-1所示，在【字符样式】调板快捷菜单中选择【新建字符样式】命令，如图3-2所示。

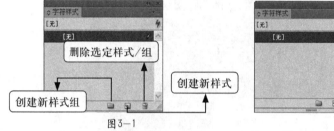

图3-1　　　　　　　　　　　图3-2

此时，弹出【新建字符样式】对话框，在对话框中包含【常规】、【基本字符格式】、【高级字符格式】和【字体颜色】等选项，如图3-3所示。

在【常规】选项区域中可以设置【样式名称】，如"提示"，如果创立的字符样式基于其他的字符样式，可以在【基于】下拉列表框中选择要基于的字符样式，如图3-4所示。

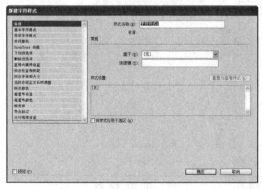
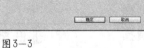
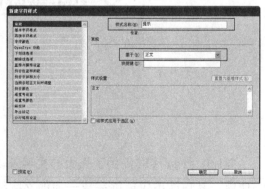

图3-3　　　　　　　　　　　图3-4

选择对话框左侧的【基本字符格式】选项，在【基本字符格式】选项区域中可以设置【字体系列】、【大小】、【行距】、【字偶间距】、【字符间距】等，选中【预览】复选框可查看设置的效果，如图3-5所示，文字效果如图3-6所示。

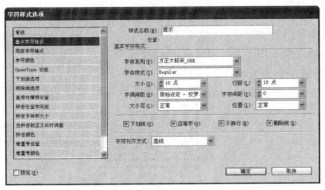

图3—5

图3—6

同样的方法，可以设置新建字符样式的其他选项，如【高级字符样式】、【字符颜色】、【下划线选项】、【着重号设置】、【着重号颜色】等。设置完毕后，单击【确定】按钮，在【字符样式】调板中出现新建的字符样式"提示"，如图3-7所示。

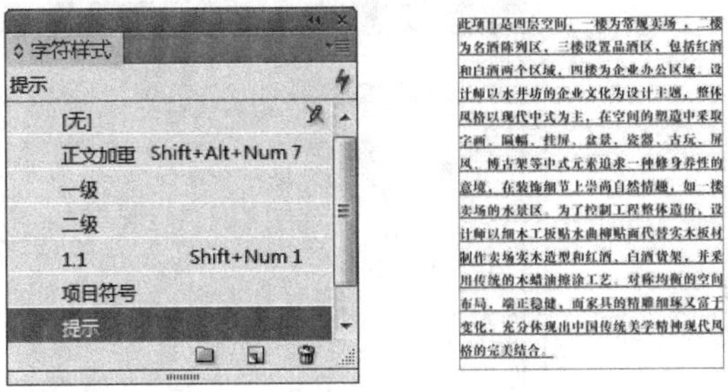

图3—7

2. 应用字符样式

创建完一个新的字符样式后，将它应用到文本中，可以在编写时更加便捷规矩，应用字符样式的操作如下：

在【字符样式】面板中，创建一个"正文加重"的字符样式；创建完成后选择【选择工具】，当光标变为 ▶ 形状时，在文档中选择需要应用字符样式的文字，在【字符样式】调板中单击新建的字符样式"正文加重"，如图3-8所示。

被选中的文字即应用【字符调板】中的"正文加重"样式，如图3-9所示。

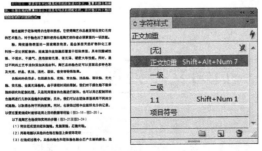

图3—8

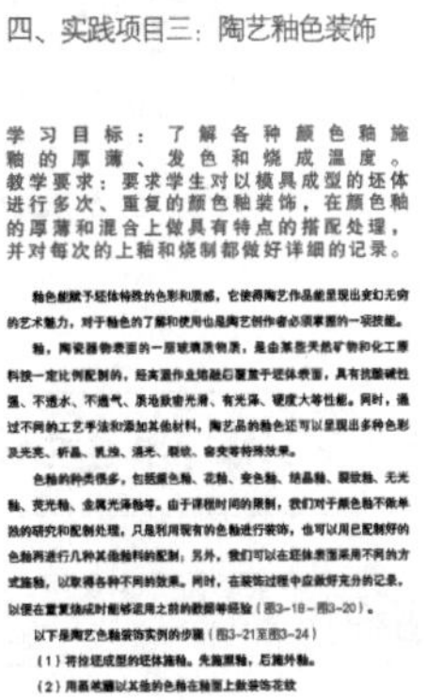

图3—9

在文档中再次选择需要应用字符样式的文字，同样在【字符样式】调板中单击新建的字符样式"正文加重"，被选中的文字应用【字符调板】中的"正文加重"样式，效果如图3-10所示。

四、实践项目三：陶艺釉色装饰

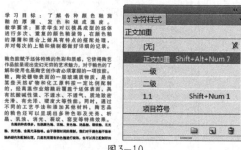

图3—10

3．编辑字符样式

创建好的字符样式有时需要编辑和修改，可以在要修改的字符样式上右击，弹出快捷菜单，如选择【编辑"提示"】命令，如图3-11所示，弹出【字符样式选项】对话框，在对话框中可以修改字符样式的各个选项，如图3-12所示。

图3—11

图3—12

4．删除字符样式

创建好的字符样式可以被删除，要删除字符样式，可以在【字符样式调板】中选中要删除的字符样式，然后单击调板下方的【删除选定样式/组】按钮，如图3-13所示。

图3—13

3.1.2 / 实战案例——页面文字处理

📁 **操作步骤**

01 执行【文件】>【新建】>【文档】命令，弹出【新建文档】对话框，将【页数】设为"1"，取消勾选【对页】复选框。【宽度】设为"185毫米"，【高度】设为"260毫米"，单击【边距和分栏】按钮，弹出【新建边距和分栏】对话框，设置【边距】选项组中的【上】、【下】、【内】、【外】均为"3毫米"，【栏数】设为"1"，单击【确定】按钮，如图3-14所示。

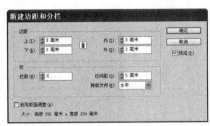

图3-14

02 用【矩形工具】■创建一个矩形。【宽度】设为"179毫米"，【高度】设为"254毫米"，颜色设置为"C34 M9 Y12 K0"，如图3-15所示。

创建一个文本框，然后输入"HELLO！"，执行【窗口】>【样式】>【字符样式】命令，打开【字符样式】调板，在【字符样式】调板快捷菜单中选择【新建字符样式】命令。

此时，弹出【字符样式选项】对话框，在【基本字符格式】选项中设置，如图3-16所示，得到效果如图3-17所示。

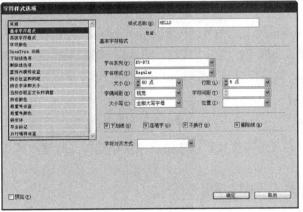

图3-15　　　　　　　　　　　　图3-16　　　　　　　　　　　　图3-17

03 选择工具箱中的【文字工具】，创建文本"黑头"，单击【新建字符样式】按钮设置为正文文字，【字体】为"Adobe 宋体 Std"，【字体大小】为"48点"。选择工具箱中的【文字工具】，创建文本"做了这些，黑头自然找上你。"单击【新建字符样式】按钮设置为正文文字，【字体】为"Adobe 宋体 Std"，【字体大小】为"36点"，字体颜色设置为"C100 M90 Y10 K0"，如图3-18所示。

图3-18

04 单击【新建字符样式】设置为正文1，首字下沉两个字符，行距强制设置为"30点"，设置【字体】为"Adobe 宋体 Std"，【字体大小】为"15点"如图3-19所示。

05 输入文字，并用所创建的字符样式完成制作，最终效果如图3-20所示。

图3—19

图3—20

3.1.3 / 段落样式

段落样式包括字符和段落格式属性，可以应用于一个段落，也可应用于某一范围内的段落。

使用【段落样式】调板可以创建、应用、编辑、删除段落样式，并将其应用于整个段落。样式随文档一同存储，每次打开该文档时，它们都会显示在调板中。

1. 创建段落样式

创建段落样式时，执行【窗口】＞【样式】＞【段落样式】命令，打开【段落样式】调板，如图3-21所示。在【段落样式】调板快捷菜单中选择【新建段落样式】命令，如图3-22所示。

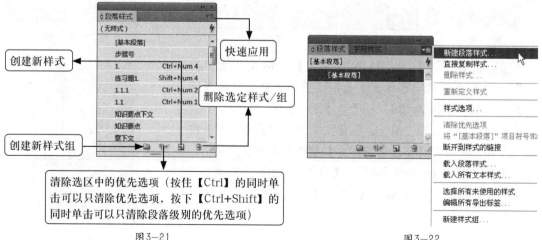

图3—21

图3—22

默认情况下，每个新文档中都包含一个【基本段落】样式，在没有创建新的段落样式前，输入的文本都能自动应用【基本段落】样式。【基本段落】样式可以被编辑，但不能重命名或删除它。不过，自己创建的段落样式可以重命名和删除。

此时，弹出【新建段落样式】对话框，如图3-23所示。

在【常规】选项区域中可以设置【样式名称】，如"正文文本"，如果创立的段落样式基于其他的段落样式，可在【基于】下拉列表框中选择要基于的段落样式。

在【下一样式】下拉列表框中选择【无段落样式】选项，如图3-24所示。

图3-23　　　　　　　　　　　　　　　　图3-24

单击对话框左侧的【基本字符格式】选项，在【基本字符格式】选项区域中可以设置【字体系列】、【大小】、【行距】、【字偶间距】、【字符间距】等，如图3-25所示。

用同样的方法，可以设置新建段落样式的其他选项，如【高级字符格式】、【缩进和间距】、【段落线】、【字符颜色】、【下划线选项】等。设置完毕后，单击【确定】按钮，在【段落样式】调板中出现新建的段落样式"正文文本"，如图3-26所示。

图3-25

图3-26

> **小知识**
>
> 　　可以把页面中已经编辑好的文本直接设置为段落样式。选择编辑好的文本，在【段落样式】调板快捷菜单中选择【新建段落样式】命令，在【新建段落样式】对话框左侧的各选项中和已编辑好的文本一样，此时编辑样式名称，单击【确定】按钮，在【段落样式】调板中出现新建的段落样式。字符样式与段落样式同理，操作方法相同。

2．应用段落样式

　　使用工具箱中的【选择工具】，选择需要应用段落样式的文字的文本框，在【段落样式】调板中单击新建的段落样式"正文文本"，被选中的文字应用"正文文本"样式，如图3-27所示。

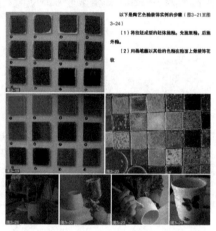

图3-27

3．编辑段落样式

　　创建好的段落样式有时需要编辑和修改，可以在要修改的段落样式上右击，弹出快捷菜单，如选择【编辑"正文文本"】命令，如图3-28所示。弹出【段落样式选项】对话框，在对话框中可以修改段落样式的各个选项，如图3-29所示。

图3-28　　　　　　　　　　　　　　　　　图3-29

1. 当把编辑好的段落样式应用于文本后，有时样式名称后会出现"+"的情况，例如出现"正文文本+"，如图3-30所示。此时说明应用的字符样式与编辑设置的字符样式不符。右击弹出快捷菜单，选择【应用"正文文本"，清除优先选项】命令，如图3-31所示。文本将应用于编辑好的样式。

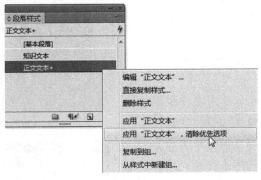

图3-30　　　　　　　　　　　　　图3-31

2. 当对同一文本同时应用了字符样式和段落样式时，系统将自动应用字符样式，而段落样式不起作用。

4. 删除段落样式

创建的段落样式也可以删除，要删除段落样式，在【段落样式】调板中单击以选中段落样式，单击调板下方的【删除选定样式/组】按钮，如图3-32所示。

弹出【删除段落样式】对话框，如图3-33所示。在【并替换为】下拉列表框中默认选中的是【基本段落】段落样式，也可以选择要替换为的段落样式，如图3-34所示。设置完毕后，单击【确定】按钮，删除段落样式。

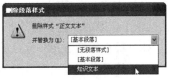

图3-32　　　　　　　　图3-33　　　　　　　　　图3-34

3.2　复合字体

在InDesign中可以将不同字体的部分混合在一起，作为一种字体来使用，这种字体称为复合字体。

复合字体在平时的工作中经常使用，通常复合字体用来混合罗马字体与中日韩文字字体。在中文字体中的英文处理功能不够完善，所以在中英文混排时，为使版面美观通常是中文采用中文字体，英文采用英文字体，作为一种复合字体来使用，以避免出错。如图3-35所示为设置复合字体之前的效果，如图3-36所示为设置复合字体之后的效果。

复合字体的主要作用是为了区分中文和罗马字体。此外，还可以调整中文和罗马字体的基线不齐的问题，以达到美化版面的作用。创建复合字体的操作如下：

执行【文字】>【复合字体】命令，弹出【复合字体编辑器】对话框，可对其进行设置，如图3-37所示。

图3—35　　　　　　　　图3—36

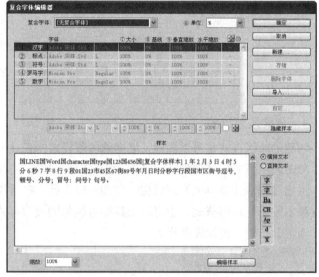

图3—37

（1）汉字：汉字字符在日文和中文中使用。韩文字符在朝鲜语中使用，无法编辑汉字或韩文的大小、基线、垂直缩放和水平缩放。

（2）标点：指定用于标点的字体。无法编辑标点的大小、垂直缩放或水平缩放。

（3）符号：指定用于符号的字体。无法编辑符号的大小、垂直缩放或水平缩放。

（4）罗马字：指定用于半角罗马字的字体，通常是罗马字体。

（5）数字：指定用于半角数字的字体，通常是罗马字体。

（6）单位：选择用于字体属性设置的单位。

（7）大小：设置与用于输入字体大小相关的大小。即使使用相同的字体大小，这个大小也可能会因字体的不同而有所差异。可以根据复合字体所用字体调整该大小。

（8）基线：设置每种字体的基线。

（9）垂直缩放和水平缩放：在垂直方向和水平方向缩放字体。这些设置仅能用于假名、半角罗马字和数字。

（10）从字符中央缩放并保持其宽度：设置在编辑假名的垂直缩放和水平缩放时是从字符中心还是从罗马字基线进行缩放。如果选择了该选项，字符将从中央缩放。

3.3　标点挤压

在中文排版中，通过标点挤压控制汉字、罗马字、数字、标点等之间在行首、行中和行末的距离。标点挤压设置能使版面美观，例如在默认情况下，每个字符只占一个字宽，如果两个标点相遇它们之间的距离太大会显得稀疏，所以在这种情况下需要使用标点挤压。下面将对有关标点挤压的知识进行详细讲解。

3.3.1　标点的分类

在InDesign中将标点分为19种，分别是前括号、后括号、逗号、句号、中间标点、句尾标点、不可分标点、顶部避头尾、数字前、数字后、全角空格、全角数字、平假名、片假名、半角数字、罗马字、汉字、行首符、段首符。

（1）前括号：（［｛《＜'"「『【〖

（2）后括号：〗】』」》｝］）＞'"

（3）逗号：、，

（4）句号：。．

（5）中间标点：∶；

（6）句尾标点：！？

（7）不可分标点：—　……

（8）顶部避头尾：/あいうぇおっゃゅょゎァイゥェォッャュョヮ

（9）平假名：あいうえおかがきぎくぐけげこごさざしじす

（10）片假名：アイウエオカガキギクグケゲコゴサザシジス

（11）数字前：＄￥£

（12）数字后：‰％℃′″￠

（13）全角空格：占一个字符宽度的空格

（14）全角数字：１２３４５６７８９０

（15）半角数字：1234567890

（16）罗马字：ABCDEFGHIJKLMNOPQRSTUVWXYZ

（17）汉字：亚唖娃阿哀愛挨逢

（18）行首符：每行出现的第一个字符

（19）段首符：每段出现的第一个字符

其中，顶部避头尾、平假名和片假名涉及日文排版。

3.3.2　中文排版的标点挤压类型

在中文排版中，标点的设置需要遵循一定的排版规则，即标点挤压。根据出版物的不同，

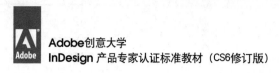
标点挤压的设置也不相同，**最常用到的标点挤压有4种**，分别是全角式、开明式、行末半角式、全部半角式。

1．全角式

全角式又称全身式，在全篇文章中除了两个符号连在一起时（比如冒号与引号、句号或逗号与引号、句号或逗号与书名号等），前一符号用半角外，所有符号都用全角。

2．开明式

除表示一句结束的符号（如句号、问号、叹号、冒号等）用全角外，其他标点符号全部用半角；当多个中文标点靠在一起时，排在前面的标点强制使用半个汉字的宽度。目前大多出版物用此方法。例如：

（这就是我们的办法。） ——句号应该占半个汉字宽度。

是吗？——问号应该占半个汉字宽度。

这是不可能的！！！！ ——前3个叹号应该占半个汉字宽度。

3．行末半角式

这种排法要求排在行末的标点符号都用半角，以保证行末版口都在一条直线上。

4．全部半角式

全部标点符号（破折号、省略号除外）都用半角。这种排版多用于信息量大的工具书。

3.3.3 ╱ 实战案例——设置文字标点挤压

01 执行【文件】>【置入】命令，在弹出的【置入】对话框中选择"素材/第3章/置入一段文字"文件，将【页数】设为"1"，效果如图3-38所示。

2009年4月5日　在甜蜜而脆弱的爱情里，我们都这样不断地在
"练习"，"练习▶失去，"练习"承受，"练习"思念，在重
重复复高高低低的预热中，走向我们最终的早已既定的结局风，
吹起破碎的流年，我看见远方的寂寞，泪流满面．那些花儿，盛
开了，饶雪漫经典语录＿心情日志｜伤感日记｜心情日记－你我
的情感日志原以为自己很坚强也很浪漫，也许每一个早恋的女孩
都会这么想．其实走过以后才会知道，自己承受不住那样的负荷，
因为还没到那个年龄．散落了饶雪漫经典伤感语录有那些？　有
些事，有些人，是不是如果你真的想忘记，就一定会忘记？我们
都是单翅膀的天使，只有拥抱着才能飞翔．
2009年4月6日　我没有月亮．饶雪漫经典伤感语录　这个月亮

图3-38

02 执行【文字】>【标点挤压设置】>【详细】命令，弹出【标点挤压设置】对话框。单击【新建】按钮，在弹出的【新建标点挤压集】对话框中将【名称】改为"开明式"，在【基于设置】下拉列表框中选择【无】选项，如图3-39所示，单击【确定】按钮。

03 缩短①中逗号与前引号的距离，首先要调整汉字与逗号的距离，在【标点挤压】下面的下拉列表框中选择【汉字】选项，然后在【类内容】列表框中选择【中间标点】选项，如图3-40所示。

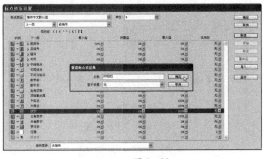
图3-39

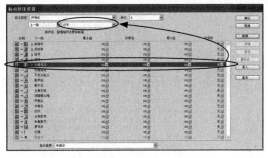
图3-40

[04] 单击【最小值】按钮，在数值框中输入"25%"，【所需值】与【最大值】的百分比自动变为"25%"，如图3-41所示。

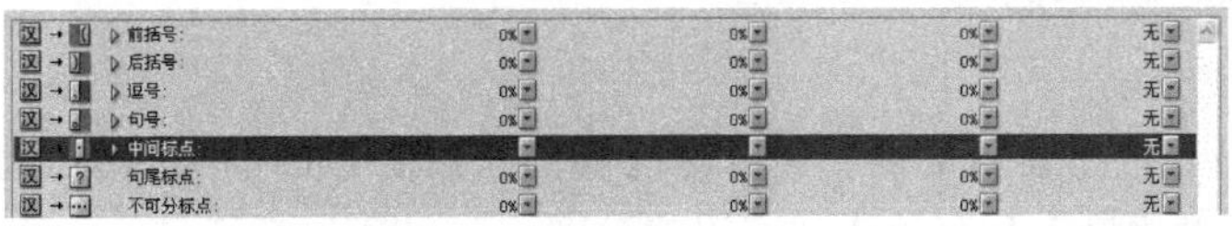

图3-41

[05] 单击【存储】按钮，保存标点挤压的设置，单击【确定】按钮，效果如图3-42所示。通过调整汉字与逗号之间的距离，使逗号与前引号之间的距离正好合适。

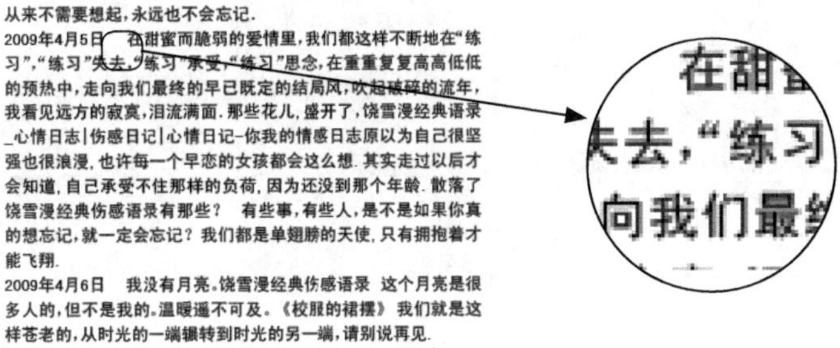

图3-42

[06] 打开【标点挤压设置】对话框，在【标点挤压】下面的下拉列表框中选择【逗号】选项，选择【类内容】列表框中的【汉字】选项，如图3-43所示；要调整②中逗号与汉字之间的关系，首先要调整逗号，使其占半个字符宽度。

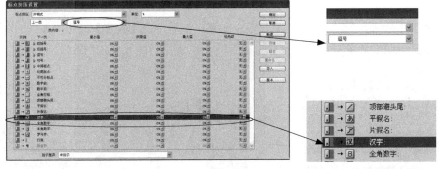
图3-43

[07] 单击【最小值】按钮，在数值框中输入"12.5%"，【所需值】与【最大值】的百分比自动变为"12.5%"，如图3-44所示。

图3—44

08 单击【存储】按钮，保存标点挤压的设置。单击【确定】按钮，效果如图3-45所示。

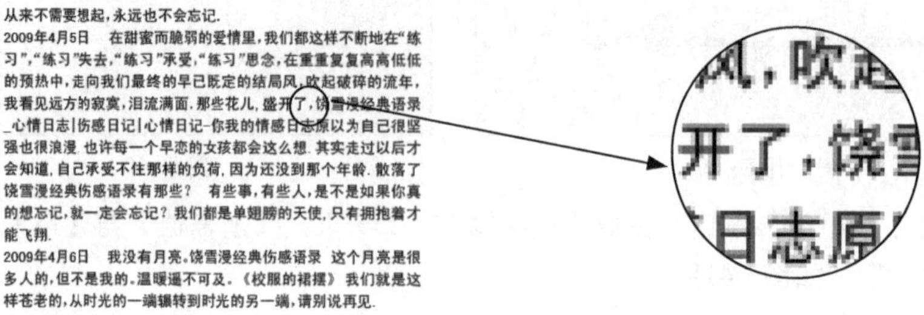

图3—45

09 打开【标点挤压设置】对话框，在【标点挤压】下面的下拉列表框中选择【句尾标点】选项，选择【类内容】列表框中的【汉字】选项，如图3-46所示。

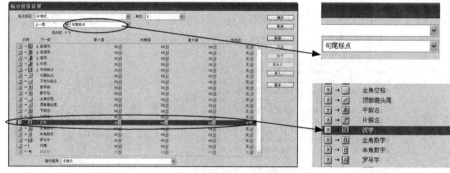

图3—46

10 单击【最小值】按钮，在数值框中输入"50%"，【所需值】与【最大值】的百分比自动变为"50%"，如图3-47所示。

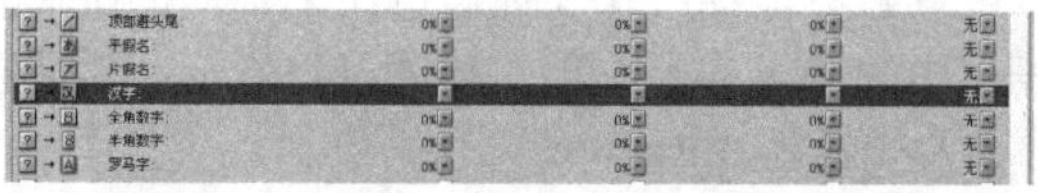

图3—47

11 单击【存储】按钮，保存标点挤压的设置。然后单击【确定】按钮，如图3-48所示。

12 根据开明式的要求调整其他标点的距离，最后得到的效果如图3-49所示。

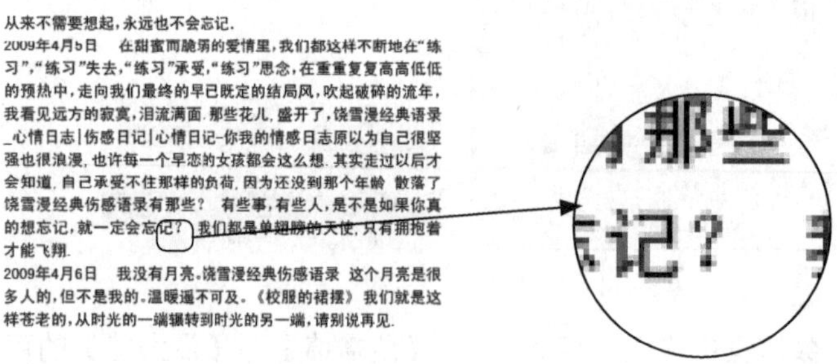

图3—48

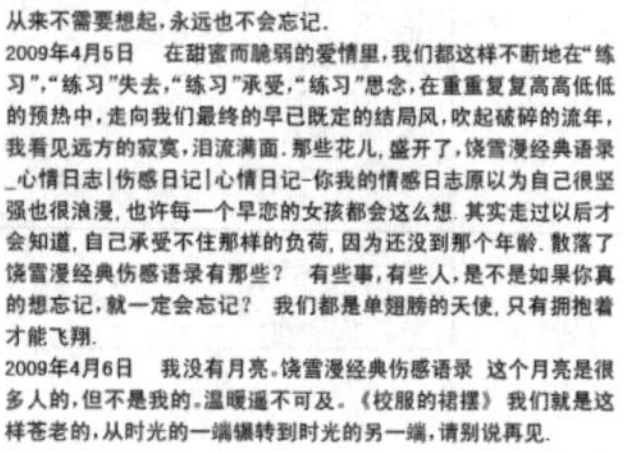

图3—49

3.4 查找和更改

3.4.1 设置查找/更改

在输入和编写文章时出现的错误相同并分布广泛不易查找时，或从其他软件中复制并粘贴到页面中时会出现缺失字体现象，可用查找/更改工具，使工作更加高效便捷。

在工具箱中选择【选择工具】，选择要更改的文字，执行【编辑】>【查找/更改】命令，弹出【查找/更改】对话框，如图3-50所示。

在【查找／更改】对话框的5个选项卡中，【文本】、【GREP】、【字形】、【对象】、【全角半角转换】，可以查找不同内容。

图3-50

1．查找／更改文本

在【查找/更改】对话框中选择【文本】选项卡。如在【查找内容】中输入"神奇"，在【更改为】中输入"传奇"，单击【查找】按钮，然后单击【全部更改】按钮，如图3-51所示。

图3-51

在【文本】选项卡里还可以查找、更改格式，如果未出现【查找格式】和【更改格式】选项，单击【更多选项】按钮。然后在【查找格式】列表框中单击，或单击【指定要查找的属性】图标，在弹出的【查找格式设置】对话框的左侧选择一种类型的格式，指定格式属性，然后单击【确定】按钮。

2．查找／更改GREP

【GREP】选项卡用来在文档中查找元字符，如段落回车符。

在【查找／更改】对话框中，选择【GREP】选项卡，如单击【查找内容】后的 @ 图标，在弹出的菜单中选择【段落结尾】命令，单击【更改为】后的 @ 图标，在弹出的菜单中选择【符号】>【省略号】命令，单击【查找】按钮，然后单击【更改】按钮，如图3-52所示。

图3-52

3．查找/更改字形

在【字形】调板中，通过查找文本中的符号可以来实现在文本中查找和更改文本的符号。

图3—53

在【查找/更改】对话框中，选择【字形】选项卡，如在【查找字形】选项组的【字体系列】中选择"黑体"，【字形】选择"*"，在【更改字形】选项组的【字体系列】中选择"宋体"，【字形】选择"#"，单击【查找】按钮，然后单击【更改】按钮，如图3-53所示。

4．查找/更改对象

【对象】选项卡可以查找并替换应用于对象、图形框架和文本框架的属性和效果。例如，要使投影具有统一的颜色、透明度和位移距离，可使用【对象】选项卡在整个文档中搜索并替换投影。

在【查找/更改】对话框中，选择【字形】选项卡，单击【查找对象格式】列表框右侧的图标，弹出【查找对象格式选项】对话框，选择需要查找的内容，单击【确定】按钮，如图3-54所示。单击【更改对象格式】列表框右侧的图标，弹出【更改对象格式选项】对话框，选择更改的内容，单击【确定】按钮，如图3-55所示。单击【查找】按钮，然后单击【全部更改】按钮，如图3-56所示。

图3—54

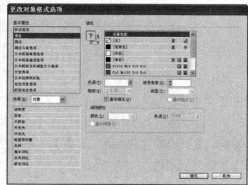

图3—55

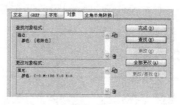

图3—56

5．查找/更改全角半角

全角半角转换是将全角的符号、数字与半角的符号、数字相互转换。

在【查找/更改】对话框中，选择【全角半角转换】选项卡，如在【查找内容】中选择【全角罗马符号】选项，在【更改为】中选择【半角罗马符号】选项，单击【查找】按钮，然后单击【更改】按钮，如图3-57所示。

图3-57

3.4.2 拼写检查

对文本选定范围进行拼写检查，主要是对字母拼写错误、未知单词、连续输入两次的单词及可能有大小写错误的单词进行检查更改。

在执行操作前要先打开【字符】调板，将所要检查的文本语言更改为【英语：英国】，如图3-58所示。

执行【编辑】>【拼写检查】>【拼写检查】命令，弹出【拼写检查】对话框，在【建议校正为】下拉列表框中选择要更改的选项，单击【更改】按钮，如图3-59、图3-60所示。如果【更改为】中出现的单词不需要修改，单击【跳过】按钮即可。

图3-58　　　　　　　　图3-59　　　　　　　　图3-60

3.4.3 查找字体

打开或置入包含系统尚未安装的字体的文档时，会出现一条警告信息，指出所缺失字体，可用查找字体功能来进行查找和替换。

执行【文字】>【查找字体】命令，弹出【查找字体】对话框，选择【文档中的字体】列表框中的一种字体，在【替换为】选项组的【字体系列】下拉列表框中选择一种字体，单击【查找第一个】按钮，系统自动查找，单击【更改】按钮，系统自动将查找的字体更改为替换的字体，如图3-61所示。

图3-61

3.5 综合案例——图书单页

知识要点提示

使用【段落样式】调板设置段落样式

使用【字符样式】调板设置字符样式

操作步骤

01 执行【文件】>【新建】>【文档】命令，弹出【新建文档】对话框，将【页数】设为"1"，【宽度】设为"185毫米"，【高度】设为"260毫米"，单击【边距和分栏】按钮，如图3-62所示。

02 弹出【新建边距和分栏】对话框，设置【边距】选项组中的【上】、【下】、【内】、【外】均为"20毫米"，【栏数】设为"1"，单击【确定】按钮，如图3-63所示。

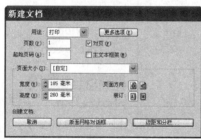

图3-62

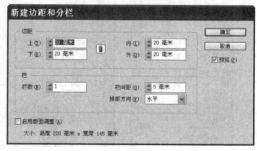

图3-63

03 执行【文件】>【置入】命令，弹出【置入】对话框，打开"素材/第3章/书.psd"文件，如图3-64所示。

04 文档中出现图片缩略图，单击图片出现在文档中，同时按【Ctrl（Windows）/Command（Mac OS）+Shift】组合键将图片适当缩小，放在合适位置，如图3-65所示。

05 选择工具箱中的【矩形工具】，在页面中绘制矩形，打开【色板】调板，单击调板右侧的小黑三角按钮，弹出快捷菜单，选择【新建颜色色板】命令，弹出【新建颜色色板】对话框，设置颜色为"C=0 M=0 Y=0 K=20"，如图3-66所示。单击【确定】按钮，为矩形填色，把矩形放在合适位置，右击，弹出快捷菜单，执行【排列】>【置为底层】命令，效果如图3-67所示。

图3—64

图3—65

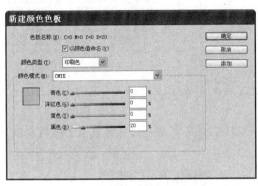

图3—66

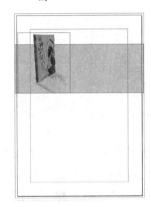

图3—67

06 打开【段落样式】调板，单击【段落样式】调板右侧的小黑三角按钮，弹出快捷菜单，选择【新建段落样式】命令，弹出【段落样式选项】对话框，【样式名称】改为"标题"，在对话框左侧选择【基本字符格式】选项，【字体系列】改为"方正黑体简体"，【大小】改为"10点"，如图3-68所示，单击【确定】按钮。【段落样式】调板中出现【标题】选项，如图3-69所示。

图3—68

图3—69

07 用同样的方法新建样式名称为"正文"的段落样式，【字体系列】为"方正书宋简

体"，【大小】为"9点"，【行距】为"16点"，选择对话框右侧的【缩进和间距】选项，
【对齐方式】为"双齐末行齐左"，【首行缩进】为"7.056毫米"，单击【确定】按钮，如
图3-70所示。

【08】选择工具箱中的【文字工具】，在页面中输入文字，并使其应用【段落样式】调板中
的"正文"段落样式，效果如图3-71所示。

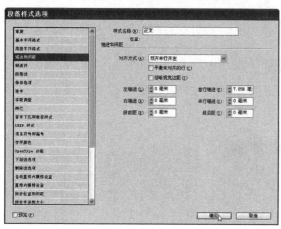

图3-70

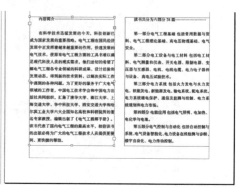

图3-71

【09】选择刚才输入文字中的标题，如图3-72所示，单击【段落样式】调板中的"标题"段
落样式，使其应用，如图3-73所示。

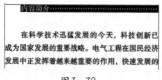

图3-72

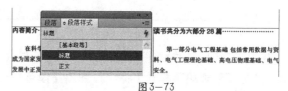

图3-73

【10】选中页面中右侧的文字，打开【段落】调板，单击调板右侧的小黑三角按钮，弹出
快捷菜单，选择【项目符号和编号】命令，弹出【项目符号和编号】对话框，在【列表类型】
下拉列表框中选择【项目符号】，在【项目符号字符】列表框中选择"ε"符号，如图3-74所
示，单击【确定】按钮，效果如图3-75所示。

图3-74

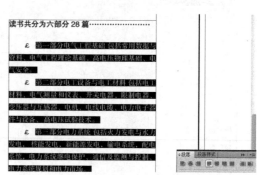

图3-75

【11】选择工具箱中的【矩形工具】，在标题文字右边画一个颜色为"C=0 M=0 Y=100
K=0"的色块，右击，执行【排列】>【置为底层】命令，将色块置于底层，如图3-76所示。

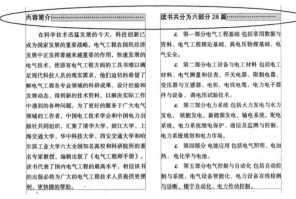

图3—76

⑫ 打开【字符】调板，单击【字符样式】调板右侧的小黑三角按钮，在弹出的快捷菜单中选择【新建字符样式】命令，弹出【字符样式选项】对话框，【样式名称】改为"大标"，在对话框左侧选择【基本字符格式】选项，设置【字体系列】为"方正隶书简体"，【大小】为"35点"，选择【字符样式选项】对话框左侧的【高级字符格式】选项，将【倾斜】设为"20°"，如图3-77所示，单击【确定】按钮。【字符样式】调板中出现"大标"字符样式，如图3-78所示。

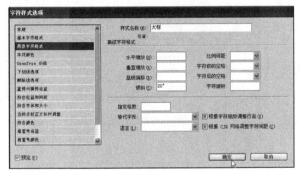

图3—77

图3—78

⑬ 用同样的方法，新建字符样式名称为"小标"的字符样式，设置【字体系列】为"方正隶书简体"，【大小】为"22点"，【倾斜】为"20°"，如图3-79所示，单击【确定】按钮，【字符样式】调板中出现"小标"字符样式。

⑭ 选择工具箱中的【文字工具】，在页面中拖动出文本框，输入文字，并应用"小标"字符样式，如图3-80所示。

图3—79

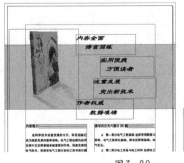

图3—80

⒂ 选中文字，将其字符样式应用为"大标"，如图3-81所示。

⒃ 选中文字，打开【色板】调板，选择颜色为"C=0 M=0 Y=100 K=0"的色块，如图3-82所示。

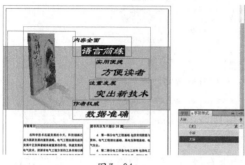

图3-81

图3-82

⒄ 选择工具箱中的【文字工具】，在页面中拖动出文本框，设置【字体】为"方正书宋简体"，【字体大小】为"11点"，输入文字。打开【字符】调板，单击调板右侧的小黑三角按钮，在弹出的快捷菜单中选择【下划线】命令，为文字添加下划线，如图3-83所示。

⒅ 选择工具箱中的【文字工具】，设置【字体】为"方正书宋简体"，【字体大小】为"7点"，输入文字，如图3-84所示。

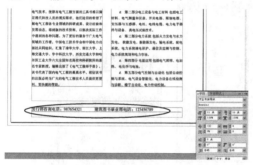

图3-83

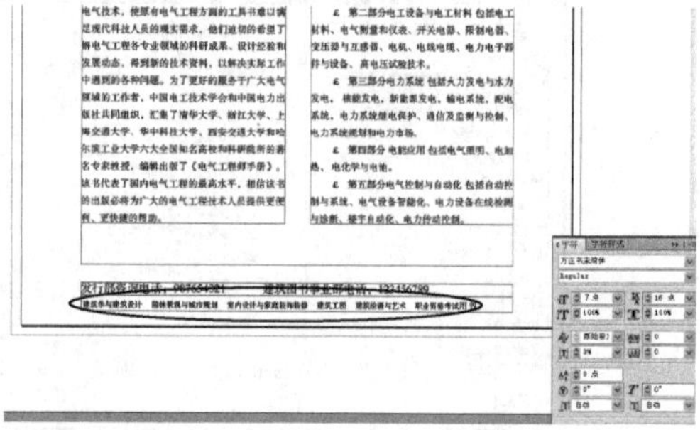

图3-84

⒆ 选择工具箱中的【文字工具】，在页面中拖动出文本框，设置【字体】为"方正报宋简体"，【字体大小】为"14点"，输入文字，如图3-85所示。

⒇ 选择工具箱中的【直线工具】，在刚才输入的文字两旁拉出两条直线，如图3-86所示。

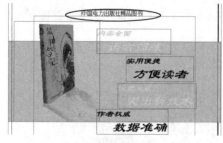

图3-85

图3-86

㉑ 选择工具箱中的【文字工具】，在页面中拖动出文本框，设置【字体】为"方正黑体简体"，【字体大小】为"16点"，输入文字，如图3-87所示。最终效果如图3-88所示。

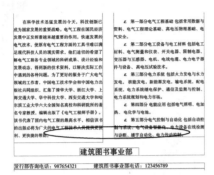

图3—87　　　　　　　　　　　图3—88

3.6　本章小结

　　通过本章的学习，能掌握文字的高级应用，使文字排版更加丰富化、美观化，通过应用字符样式和段落样式使工作更加快速便捷。

3.7　本章习题

选择题

（1）在【复合字体编辑器】对话框中不能操作的是（　　　）。

　　A. 汉字　　　　　　　　B. 单位　　　　　　　　C. 颜色　　　　　　　　D. 符号

（2）中文排版中最常用到的标点挤压有4种，以下不对的是（　　　）。

　　A. 开放式　　　　　　　B. 全角式　　　　　　　C. 开明式　　　　　　　D. 行末半角式

（3）在【查找/更改】对话框的5个选项卡中不包括（　　　）。

　　A. 文本　　　　　　　　B. 色板　　　　　　　　C. 字形　　　　　　　　D. 对象

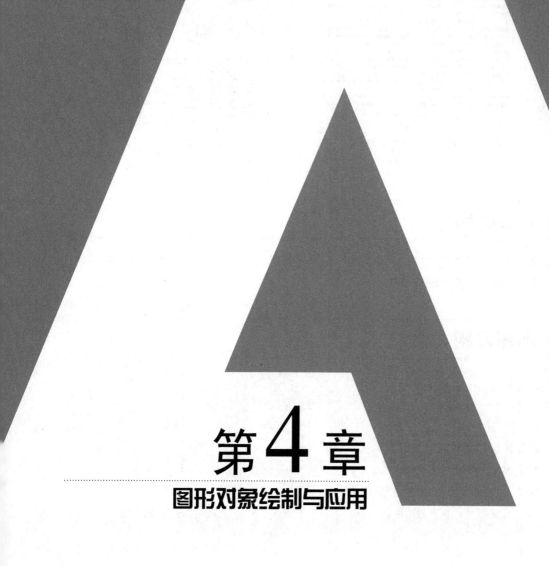

第4章

图形对象绘制与应用

在InDesign页面中的图形、图像、框架都称为对象，设计师可以将用Illustrator绘制好的图形对象拷贝或者置入到页面中进行排版；还可以通过基本的绘图工具绘制出基本的图形效果，并通过变换工具和即时变形工具来编辑图形使其变形。

知识要点

→ 应用Illustrator图形
→ 图形绘制方法
→ 图形编辑方法

4.1 应用Illustrator图形

InDesign可以接受来自Illustrator绘制的图形，这些在Illustrator中绘制好的图形，可以通过拷贝和粘贴、直接拖动或者置入的方式加入到InDesign页面中。

4.1.1 拷贝和粘贴Illustrator图形

对于一些形状不是很复杂的图形，可以采用拷贝和粘贴的方式放置到InDesign页面中，这些图形还可以进一步进行编辑修改。

在Illustrator中打开图形文档后，使用Illustrator工具箱中的【选择工具】选中图形，然后按【Ctrl（Windows）/Command（Mac OS）+C】组合键拷贝图形，如图4-1所示。切换到InDesign软件，建立好一个页面之后按【Ctrl（Windows）/Command（Mac OS）+V】组合键，图形被粘贴到页面中，如图4-2所示。使用【直接选择工具】选中图形的某个锚点然后拖动，可以看到图形的形状被编辑修改，如图4-3所示。

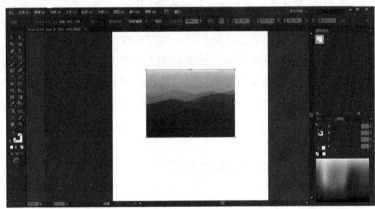

图4-1

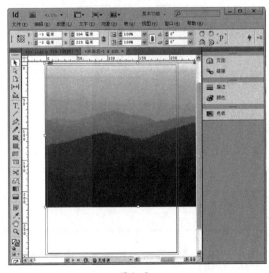

图4-2

图4-3

4.1.2 / 直接拖动Illustrator图形

Illustrator中绘制好的图形可以直接拖动到InDesign页面中，并且该图形可以进一步进行编辑修改。

在Illustrator中打开图形文档后，使用Illustrator工具箱中的【选择工具】在图形上按住鼠标左键，然后拖动到InDesign图标上，如图4-4所示。当当前显示切换到InDesign页面之后，将光标移动到页面上，然后松开鼠标左键，图形被放置到InDesign页面中，如图4-5所示。

图4—4　　　　　　　　　　图4—5

4.1.3 / 置入Illustrator图形

在Illustrator中绘制较为复杂的图形，采用置入的方式放置到InDesign页面中是最好的方法。置入的图形不但与原图保持一致，还可以完好保留图形的矢量性，因此任意缩放该图形也不会损失品质；置入的图形不能随意编辑图形的锚点以修改其形状，也不能随意编辑其颜色。

在InDesign软件中执行【文件】>【置入】命令，在弹出的【置入】对话框中选择需要置入的图形文档，然后单击【打开】按钮，如图4-6所示。在页面中单击，图形被置入到页面中，如图4-7所示。

图4—6　　　　　　　　　　图4—7

4.2　绘制图形

在InDesign软件中可以绘制一些简单的图形，如直线、曲线、色块等，还可以对这些图形进行描边、填充颜色、排列等操作。

4.2.1 / 绘制基本图形

1. 绘制直线

选择工具箱中的【直线工具】\，在页面上按住鼠标左键不放，拖动到合适位置松开鼠标左键后，得到一条直线，如图4-8所示。按住【Shift】键拖动可以强制使绘制的直线角度以45°递增，如图4-9所示。

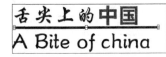

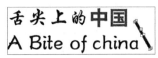

图4-8   图4-9

2. 绘制自由线段和闭合路径

选择工具箱中的【铅笔工具】✐，在页面上按住鼠标左键不放，任意拖动后松开鼠标左键后，得到一条曲线，如图4-10所示。在绘制的过程中按住【Alt（Windows）／ Option Mac OS）】键拖动，松开鼠标左键之后可以得到一个闭合的路径，如图4-11所示。

图4-10   图4-11

双击【铅笔工具】，可以在弹出的【铅笔工具首选项】对话框中设置相关参数，【保真度】用于控制光标移动多大距离才会向路径添加新锚点，值越高，路径就越平滑，复杂度就越低，值越低，曲线与光标的移动就越匹配，从而将生成更尖锐的角度，保真度的范围为 0.5~20 像素；【平滑度】用于控制使用工具时所应用的平滑量，平滑度的范围为0%~100%，值越高，路径就越平滑，值越低，创建的锚点就越多，保留的线条的不规则度就越高；选中【保持选定】复选框用于确定在绘制路径之后是否保持路径的所选状态；选中【编辑所选路径】复选框之后，在【范围】中设置的参数用于控制与现有路径必须达到多近距离才能使用【铅笔工具】编辑路径，如图4-12所示。

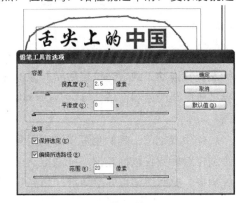

图4-12

▼ **小知识**

路径也叫"贝塞尔曲线"，路径由一个或多个直线或曲线线段组成。每个线段的起点和终点有锚点标记。路径可以是闭合的，也可以是开放的并具有不同的端点，如图4-13所示。

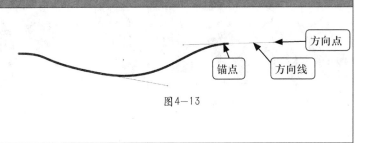

图4-13

路径可以包含两类锚点：角点和平滑点。在角点处路径突然改变方向；在平滑点处路径段连接为连续曲线。路径的轮廓称为描边，开放和闭合路径的内部区域的颜色或渐变都称为填充，如图4-14所示。

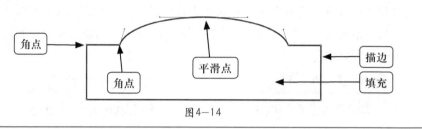

图4-14

3．绘制规则路径

使用工具箱中的【钢笔工具】 可以创建很规则的路径，【钢笔工具】可以绘制直线和曲线，并且更便于控制路径的形状。

【钢笔工具】绘制直线的方法是，选中【钢笔工具】，然后在页面上单击，将光标移动到合适位置，再单击，反复如上操作，即可得到多条直线路径，将光标移动到起始锚点处时，光标变为 形状，单击即可闭合路径，如图4-15所示。

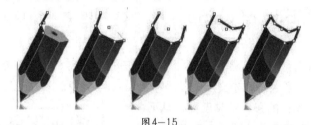

图4-15

【钢笔工具】绘制曲线的方法是，在页面中单击绘制一个锚点，然后在合适的位置按住鼠标左键并拖动，到合适位置后松开鼠标左键，得到一条平滑曲线，反复如上操作绘制锚点，如要结束该路径绘制，按住【Ctrl（Windows）/Command（Mac OS）】键在页面上单击即可，如图4-16所示。

使用【钢笔工具】也可以绘制带角点的曲线，在页面中绘制第一个锚点后，将光标移动到合适位置后按住鼠标左键，拖动出一条方向线，然后将光标移动到锚点处并单击，一侧的方向线消失，此时该锚点即是角点，如图4-17所示。

图4-16   图4-17

4.2.2 / 绘制形状图形

1. 绘制矩形

选择工具箱中的【矩形工具】■，在页面上按住鼠标左键不放，拖动到合适位置松开鼠标左键后，可以得到一个矩形，如图4-18所示；**按住【Shift】键可以绘制一个正方形**，如图4-19所示。

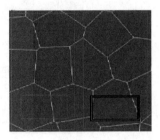

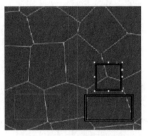

图4-18 图4-19

还有一种方法可以更加精确地绘制矩形，选择工具箱中的【矩形工具】■，在页面上单击，在弹出的【矩形】对话框中设置矩形的宽度和高度，即可得到一个矩形，如图4-20所示。

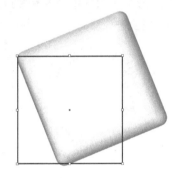

图4-20

小知识

圆形绘制的方法与矩形绘制的方法一样，使用【椭圆工具】可以绘制椭圆形和正圆形，如图4-21所示。

图4-21

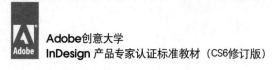
2．绘制多边形

选择工具箱中的【多边形工具】，在页面上直接拖动鼠标可绘制一个多边形，如图4-22所示。双击【多边形工具】，在弹出的【多边形设置】对话框中可以设置多边形的边数和内陷程度，如图4-23所示。

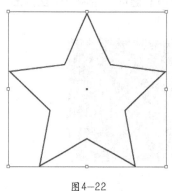

图4-22   图4-23

绘制多边形也可以采用更加精确的方法，选择工具箱中的【多边形工具】，在页面上单击，在弹出的【多边形】对话框中设置好多边形的宽度、高度、边数和内陷程度，然后单击【确定】按钮，即可得到一个多边形，如图4-24所示。

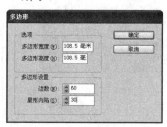

图4-24

4.2.3 实战案例——绘制化学分子式

在排版软件中，图像的绘制占有很大的比例，灵活地运用图形绘制能够排出复杂而美观的页面。

01 执行【文件】>【新建】>【文档】命令，在弹出的【新建文档】对话框中设置参数如图4-25所示。单击【边框和分栏】按钮，弹出如图4-26所示的对话框，设置参数如图4-26所示，单击【确定】按钮。

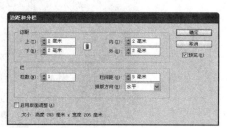

图4-25   图4-26

02 选择工具箱中的【文字工具】在视图中框选一个文本框，然后输入"HOOC"，如图4-27所示。

03 执行【窗口】>【文字和表】>【字符】命令，在弹出的【字符】调板中设置参数，如图4-28所示。

图4-27   图4-28

04 双击工具箱中的【多边形工具】，在弹出的【多边形设置】对话框中进行设置，在视图中绘制一个六边形，参数设置如图4-29所示。选择工具箱中的【旋转工具】，按住Shift键，将六边形旋转90°，如图4-30所示。

05 选择工具箱中的【直线工具】绘制一条直线，用【旋转工具】调整方向和位置，然后复制两条直线，调整它的方向和位置，如图4-31所示。

图4-29   图4-30   图4-31

06 单击工具箱中的【直线工具】，按住Shift键绘制一水平线，在属性栏中设置粗细为"0.14毫米"，调整位置如图4-32所示。

07 用同样方法完成以下制作，完成后的效果如图4-33所示。

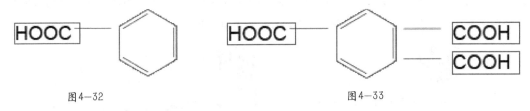

图4-32   图4-33

4.3　编辑图形

在InDesign中绘制的图形可以使用多种工具和命令来对其进行编辑修改，如使用【直接选择工具】调整路径锚点以修改图形的形状、在【描边】调板中设置描边形状、使用【色板】调板为图形添加颜色等。

4.3.1 / 使用工具编辑图形

在InDesign中可以使用工具对已经绘制好的路径进行编辑，如在路径上添加或删除锚点、移动锚点、编辑方向线。

1．使用【选择工具】编辑图形

使用【选择工具】选中图形之后，可以对该图形进行移动和缩放操作。在图形上按住鼠标左键不放并拖动，在合适的地方松开鼠标左键即可移动该图形，如图4-34所示。选中图形之后，在框架的控制点上按住鼠标左键拖动即可缩放图形，如图4-35所示。

图4-34

图4-35

2．使用【直接选择工具】编辑图形

使用【直接选择工具】可以选中图形的锚点，然后移动锚点以改变图形的形状，将光标移动到锚点上，按住鼠标左键不放并拖动，到合适位置松开鼠标左键，可以看到锚点被移动后图形形状发生改变，如图4-36所示。**按住【Shift】键的同时逐个单击锚点，可以选中多个锚点，并可以统一移动这些锚点**，如图4-37所示。

图4-36   图4-37

> **小知识**
>
> 使用【直接选择工具】还可以通过编辑锚点的方向线来改变图形的形状，在方向线上按住鼠标左键不放并拖动，可以看到图形形状发生变化，如图4-38所示。
>
>
>
> 图4-38

3．添加和删除锚点

当路径处于选中状态，选择【钢笔工具】，将光标移动到路径上，光标变为 形状，此时单击可以在路径上添加锚点，如图4-39所示；光标变为 形状，此时单击可以在路径上删除锚点，如图4-40所示。

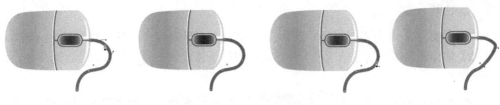

图4-39   图4-40

4. 转换点

使用【**转换方向点工具**】**可以使角点和平滑点互相转换**，选择该工具之后，在一个平滑点
锚点上单击，该锚点被转换为角点，如图4-41所示。在一个角点上按住鼠标左键并拖动，该锚
点出现对称方向线，即角点锚点被转换为平滑点，如图4-42所示。

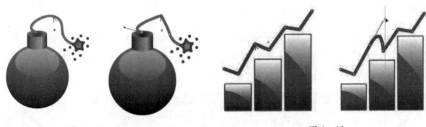

图4-41   图4-42

小知识

　　使用【**转换点**】命令也可以使角点和平滑点互相转换，选中一个锚点之后，执行【对象】>
【**转换点**】子菜单中的一个命令，即可实现锚点的转换，如图4-43所示。

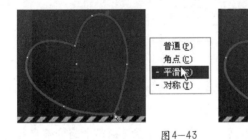

图4-43

4.3.2 使用命令编辑图形

1. 转换形状

　　使用【转换形状】命令
可以将图形转换为特定的图
形，选中一个图形之后，执
行【对象】>【转换形状】子
菜单中的一个命令，即可将
该图形转换，如图4-44所示。

图4-44

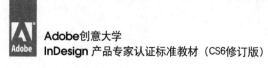
2．角效果

使用【角选项】命令可以将形状图形添加角效果，选中一个图形，然后执行【对象】>【角选项】命令，在弹出的【角选项】对话框中可以设置角效果的大小和角效果的样式，如图4-45所示。

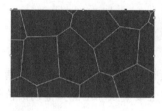

图4-45

3．效果

使用【效果】命令可以为图形和框架添加阴影、光泽、羽化等效果，选中一个图形，然后执行【对象】>【效果】子菜单中的一个命令，如【投影】命令，在弹出的【效果】对话框中设置参数之后，单击【确定】按钮，即可得到阴影效果，如图4-46所示。

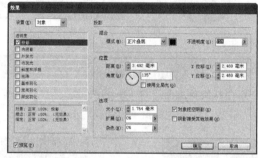

图4-46

4．建立复合路径

复合路径是将多个路径融合为一个路径，创建复合路径时，所有选定的路径将成为新复合路径的子路径，并且处于下方路径的属性将应用到该复合路径。选中多个路径或者图形后，执行【对象】>【路径】>【建立复合路径】命令，可以看到多个路径被合并为一个路径，并且处于下方图形的颜色、描边粗细被应用到复合路径，如图4-47所示。

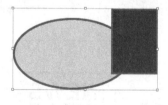

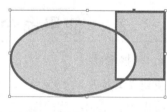

图4-47

如需要将复合路径转换为多个独立的路径，选中复合路径之后，执行【对象】>【路径】>【释放复合路径】命令，复合路径被转换，并且复合路径的属性被应用到独立的路径上，如图4-48所示。

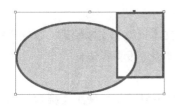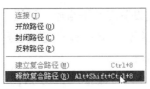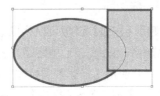

图4—48

5．用路径查找器命令创建复合路径

使用【路径查找器】命令可以创建复合路径，该组命令与【路径查找器】调板的按钮一一对应。打开【对象】>【路径查找器】子菜单，可以看到【添加】、【减去】、【交叉】等命令；执行【窗口】>【对象和版面】>【路径查找器】命令，可以打开【路径查找器】调板，如图4-49所示。应用该组命令的效果如图4-50所示。

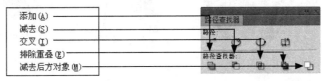

图4—49

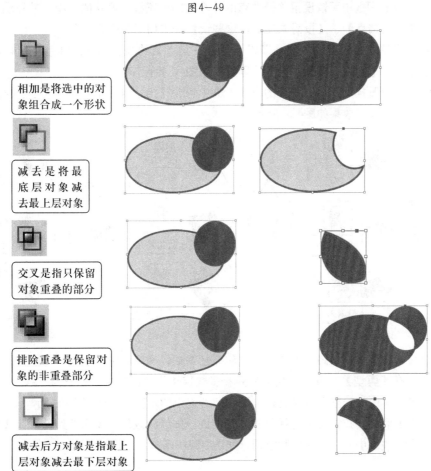

图4—50

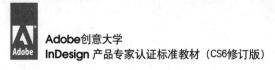
6．描边

使用【描边】调板可以将描边设置应用于路径、形状、文本框架和文本轮廓，以便于控制描边的粗细和外观。选中路径或框架后，还可以在【描边】调板中设置描边样式。

（1）使用【描边】调板设置描边效果

执行【窗口】>【描边】命令，打开【描边】调板，如图4-51所示，使用【描边】调板可以对描边的样式进行编辑修改，如线粗、线形等。

粗细用于控制路径的宽度，数值越大，路径描边越粗，如图4-52所示。

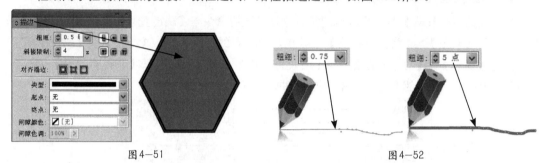

图4-51   图4-52

在【描边】调板中可以设置路径端点的外观，即设置线段两端的外观，其外观包含【平头端点】、【圆头端点】、【投射末端】，这些设置效果如图4-53所示。

还可以设置路径连接的外观，即设置路径在角点处的外观，其外观包含【斜接连接】、【圆角连接】、【斜面连接】，这些设置效果如图4-54所示。

并且可以设置描边应用在路径的位置，其中包含【描边对齐中心】、【描边居内】、【描边居外】，这些设置效果如图4-55所示。

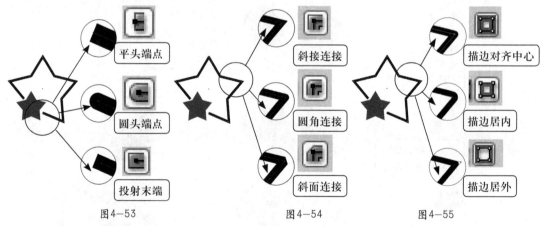

图4-53   图4-54   图4-55

通过【描边】调板对路径设置类型、起点、终点、间隙颜色和色调，可以得到更加丰富的描边效果。在【类型】下拉列表框中分列着多款描边类型，它们可以分为实线、虚线和点线3大类型，选择其中的一款即可将此种类型添加到选中的路径上，如图4-56所示。

【起点】和【终点】可以为线段的两个端点添加箭头效果，【间隙颜色】和【间隙色调】则是用于设置线段中间隙的颜色和色调，如图4-57所示。

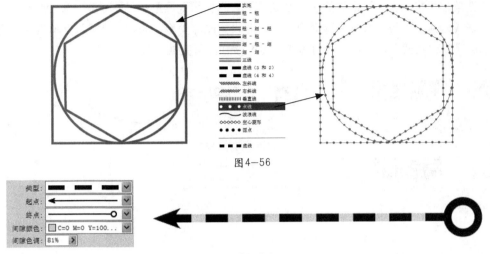

图4-56

图4-57

（2）使用【描边】调板设置描边样式

在【描边】调板中可以根据要求来设置描边样式，这样设置的描边效果更加灵活，并且设置的描边样式存储在【类型】下拉列表框中，可以方便地应用到路径上。单击【描边】调板右侧的小黑三角按钮，在弹出的快捷菜单中选择【描边样式】命令，如图4-58所示。然后在弹出的【描边样式】对话框中单击【新建】按钮，如图4-59所示。弹出【新建描边样式】对话框，在【名称】文本框中输入文字为描边样式命名，在【类型】下拉列表框中可以选择条纹、点线或者虚线，如图4-60所示。

图4-58　　　　　　　　　图4-59　　　　　　　　　图4-60

在【类型】下拉列表框中选好描边类型之后，对话框下方将出现该种类型的设置选项，可以通过拖动标尺栏的滑块来控制线段的长度，滑块为蓝色表示当前选中该滑块，如图4-61所示。在标尺的空白处拖动，可以创建多个线段，如需删除这些创建的线段，将光标移动到线段上拖动到标尺外即可，如图4-62所示。

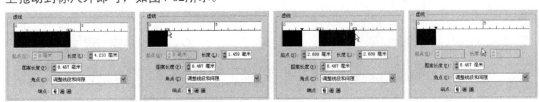

图4-61　　　　　　　　　　　　　　　图4-62

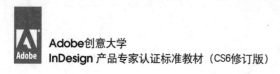
【新建描边样式】对话框中的【图案长度】文本框用于设置标尺的刻度，如图4-63所示；还可以在【角点】下拉列表框中选择角点种类并设置端点类型，如图4-64所示。单击【确定】按钮返回【描边样式】对话框，再单击【确定】按钮即可完成设置。

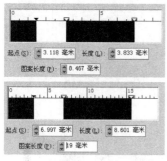

图4-63   图4-64

4.4　图形的编辑

图形的编辑在InDesign中是比较常用的功能，经过合理编辑的图形能更好地美化版面。

4.4.1　锁定或解锁对象

使用【锁定】命令可以锁定特定对象，使其不能在页面中移动，当存储文档、关闭文档然后重新打开文档时，锁定对象将始终保持为锁定状态。只要对象处于锁定状态，就无法选择和移动，但是，如果取消选中【常规】首选项中的【阻止选取锁定的对象】复选框，则可以选中锁定的对象，选中锁定的对象后，就可以更改颜色之类的属性。

选择要将其锁定在原位的一个或多个对象，执行【对象】>【锁定】命令即可完成锁定，如图4-65所示。在对象上右击，在弹出的快捷菜单中选择【锁定】命令也可完成锁定操作，此时对象的左上方会出现一个锁定图标，如图4-66所示。

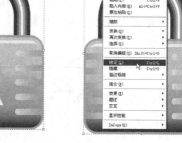

图4-65   图4-66

要解锁当前跨页上的对象，执行【对象】>【解锁跨页上的所有内容】命令即可解锁，如图4-67所示。将光标移动到锁定图标上，光标会变为 形状，此时单击也可完成解锁，如图4-68所示。

图4—67

图4—68

4.4.2 编组或取消编组对象

使用【编组】命令可以将几个对象组合为一个组，以便它们可以作为一个单元被处理，如移动或变换这些对象，不会影响它们各自的位置或属性。**选中多个对象，执行【对象】>【编组】命令，这些对象被编组，如图4-69所示。如需要将编组的对象拆分成独立对象，执行【对象】>【取消编组】命令即可。**

选中需要编组的对象，然后右击，在弹出的快捷菜单中选择【编组】命令，也可以将对象编组，如图4-70所示。在编组的对象上右击，在弹出的快捷菜单中选择【取消编组】命令即可拆分编组对象，如图4-71所示。

图4—69

图4—70

图4—71

单独的对象可以与已经编组的对象再进行编组，得到的编组对象在解组的时候，最后编组的对象先被拆分。

4.4.3 / 排列对象

重叠的对象是按它们创建或导入的顺序进行堆叠的，可以使用【排列】命令更改对象的堆叠顺序。如选中最上面的图形对象，然后执行【对象】>【排列】>【置为底层】命令，可以看到此对象被放置到其他图形的最下方，如图4-72所示。

图4—72

4.4.4 / 对齐对象

使用【对齐】命令可以强制选中对象以某种方式对齐，执行【窗口】>【对象和版面】>【对齐】命令，打开【对齐】调板，在【对齐】调板中有3个对齐设置选项组，分别是【对齐对象】、【分布对象】、【分布间距】，在调板中每个选项组都可以大致分为横向对齐和纵向对齐，如图4-73所示。横向对齐和纵向对齐中只能分别选中一个进行设置。

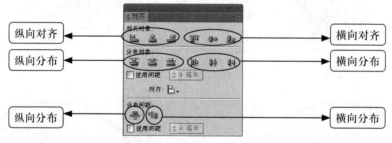

图4—73

当选中所有需要对齐分布的对象后，在【对齐】调板中分别单击【水平居中对齐】和【垂直居中对齐】按钮，可以看到图形的对齐效果，如图4-74所示。

图4—74

【对齐对象】选项组中纵向对齐各个按钮所对应的排列效果如图4-75所示，横向对齐的效果与纵向对齐相似，在此不一一图示。

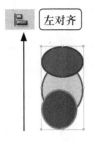 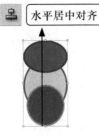 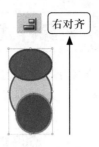

图4-75

【分布对象】选项组各个按钮可以控制对象之间按某个距离来分布，其中纵向分布各个按钮所对应的排列效果如图4-76所示，横向分布的效果与纵向分布相似，在此不一一图示。

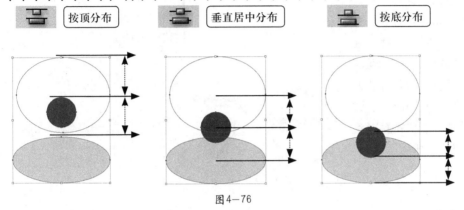

图4-76

选中【分布对象】选项组中的【使用间距】复选框并设置参数，各个对象将被强制以参数的距离来分布。在【分布对象】选项组下的下拉列表框中还可以选择【对齐选区】、【对齐关键对象】、【对齐边距】、【对齐页面】、【对齐跨页】选项，如图4-77所示。

图4-77

【分布间距】选项组中有两个按钮，分别是用于设置每个对象垂直距离相等的【垂直分布间距】和设置对象水平距离相等的【水平分布间距】，如图4-78所示。如果选中【使用间距】复选框并设置好参数，对象之间的间距将以参数数值分布。

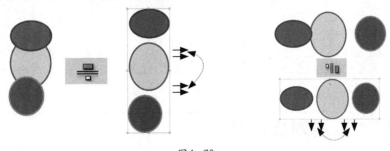

图4-78

4.5 对象样式

对象样式可以快速设置图形、框架等对象的格式，对象样式包括描边、颜色、透明度、投影、段落样式、文本绕排等设置，可以为对象、填色、描边和文本指定透明度效果。

4.5.1 创建对象样式

创建对象样式时，执行【窗口】>【样式】>【对象样式】命令，打开【对象样式】调板，在【对象样式】调板快捷菜单中选择【新建对象样式】命令，如图4-79所示。弹出【新建对象样式】对话框，如图4-80所示。

图4-79

图4-80

在【常规】选项区域中可以设置【样式名称】，如"描边"，如果创立的对象样式基于其他的对象样式，可在【基于】下拉列表框中选择要基于的对象样式，如图4-81所示。选择调板左侧的【描边】选项，打开【描边】选项区域，可以设置描边属性，如图4-82所示。在【新建对象样式】对话框中，有【基本属性】和【效果】两组列表框，用同样的方法可以设置这两组列表框中的子选项，设置完毕后，单击【确定】按钮，在【对象样式】调板中出现新建的对象样式"描边"，如图4-83所示。

图4-81

图4-82

图4-83

4.5.2 应用对象样式

选择需要应用对象样式的对象，在【对象样式】调板中单击新建的对象样式"描边"，被选中的对象应用"描边"对象样式，如图4-84所示。

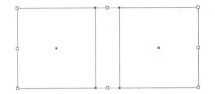

图4-84

4.5.3 删除对象样式

要删除对象样式，可以选中对象样式，然后单击【对象样式】调板下方的【删除选定样式】按钮，如图4-85所示。弹出【删除对象样式】对话框，如图4-86所示。在【并替换为】下拉列表框中默认选中的是【无】对象样式，也可以选择要替换为的对象样式，如图4-87所示。设置完毕后，单击【确定】按钮，删除对象样式。

图4-85   图4-86   图4-87

4.6 综合案例——折页

知识要点提示

描边、色板
路径查找器

操作步骤

01 执行【文件】>【新建】>【文档】命令，弹出【新建文档】对话框，在对话框中将【页数】设为"1"，【宽度】设为"285毫米"，【高度】设为"160毫米"，单击【边距和分栏】按钮，如图4-88所示。弹出【新建边距和分栏】对话框，将【边距】选项组中的【上】、【下】、【内】、【外】均设为"0毫米"，【栏数】设为"3"，【栏间距】设为"1"，单击【确定】按钮，如图4-89所示。

图4-88   图4-89

02 选择工具箱中的【矩形工具】，在页面中拖动到合适位置使其占满整个页面，如图4-90所示。打开【色板】调板，用"黄色"填充矩形，如图4-91所示。

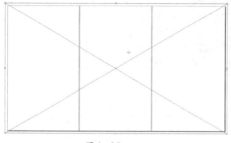 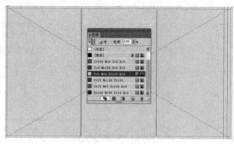

图4-90　　　　　　　　　　　　　　　图4-91

03 选择工具箱中的【文字工具】，从页面中拖动出文本框，设置【字体】为"Adobe 宋体 Std"，【字体大小】为"13点"，【行距】为"14点"，【水平缩放】为"150%"，【倾斜】为"20°"，输入文字，如图4-92所示。以同样的方法输入文字，设置【字体】为"Aramis"，【字体大小】为"22点"，【行距】为"18点"，如图4-93所示。

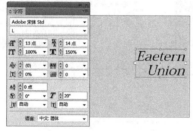 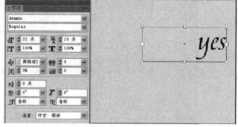

图4-92　　　　　　　　　　　　　　　图4-93

04 选择输入的文字，打开【色板】调板，分别将文字填充"黄色"和"纸色"，将文本框拖动到合适位置，如图4-94和图4-95所示。

图4-94　　　　　　　　　　　　　　　图4-95

05 选中刚绘制的纸色文字，执行【对象】>【变换】>【旋转】命令，如图4-96所示。弹出【旋转】对话框，输入【角度】值为"20"，如图4-97所示。单击【确定】按钮，效果如图4-98所示。

图4-96　　　　　　　　图4-97　　　　　　　　图4-98

06 选择工具箱中的【矩形工具】，绘制一个矩形，填充为黑色，执行【对象】>【角选项】命令，如图4-99所示。弹出【角选项】对话框，将【效果】设置为"圆角"，【大小】为"3毫米"，如图4-100和图4-101所示。

图4-99　　　　　图4-100　　　　　图4-101

07 按【Ctrl（Windows）/Command（Mac OS）+[】组合键将矩形后移一层，效果如图4-102所示。选中文本和矩形，按【Shift+F7】组合键打开【对齐】调板，在【对齐对象】选项组中单击【底对齐】按钮，效果如图4-103所示。

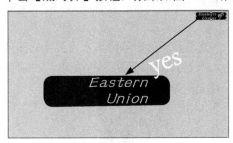

图4-102　　　　　　　　　图4-103

08 选择工具箱中的【直线工具】，在页面上按住鼠标左键不放，拖动到合适位置松开鼠标左键后，得到一条直线，如图4-104所示。打开【描边】调板，设置【粗细】为"0.25毫米"，如图4-105所示。打开【色板】调板，单击"黄色"，直线变为黄色，如图4-106所示。

图4-104　　　　　图4-105　　　　　图4-106

09 调整直线的位置，按住【Shift+Alt(Windows)/Option(Mac OS）+Ctrl(Windows)/Command(Mac OS)】组合键的同时按住鼠标左键拖动直线，松开鼠标左键后水平复制直线完成，效果如图4-107所示。选择工具箱中的【文字工具】，在页面中输入"东联汇款"4个字，调整位置，效果如图4-108所示。

图4-107　　　　　　　　　　　图4-108

10 绘制一个圆形和矩形，全部选中并调整位置，效果如图4-109所示。执行【窗口】>【对象和版面】>【路径查找器】命令，如图4-110所示，在打开的【路径查找器】调板中单击【相加】按钮，效果如图4-111所示。

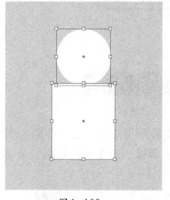

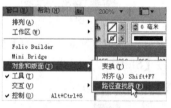

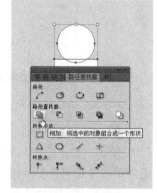

图4-109　　　　　　　　　　图4-110　　　　　　　　　　图4-111

11 将得到的图形填充为"黄色"，再绘制一个圆形和矩形，与刚填充为黄色的图形一起选中，单击【路径查找器】调板中的【相加】按钮，得到如图4-112所示的效果。将前面制作好的文字复制到图形中，调整位置，得到如图4-113所示的效果。

图4-112　　　　　　　　　　　　　图4-113

12 以同样的方式绘制多个图形，选择工具箱中的【文字工具】，输入不同的文字，调整图形与文字的位置，得到如图4-114和图4-115所示的效果。

图4-114　　　　　　　　　　　　　图4-115

13 选择工具箱中的【矩形工具】，在页面中绘制一个矩形条，打开【描边】调板，将【粗细】设置为"0.25毫米"，如图4-116所示。在【对齐描边】中单击【描边居内】按钮，如图4-117所示。

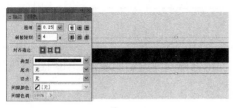
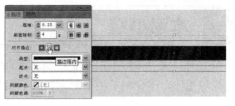

图4—116　　　　　　　　　　　　　　　图4—117

14 执行【文件】>【置入】命令，弹出【置入】对话框，打开"素材/第4章/素材-1.indd"文件，如图4-118所示。文档中出现图片缩略图，单击，图片出现在文档中，如图4-119所示。

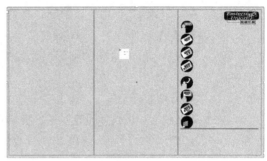

图4—118　　　　　　　　　　　　　　　图4—119

15 按【Ctrl（Windows）/Command（Mac OS）+Shift】组合键调整图片大小，并将"素材-1"放至页面中合适的位置，如图4-120所示。以同样的方法分别将"素材-2.indd、素材-3.indd、素材-4.indd、光大银行.eps"文件置入，适当调整位置，得到如图4-121所示的效果。

图4—120　　　　　　　　　　　　　　　图4—121

16 将素材"封面.indd"置入，调整至页面合适位置，折页封面制作完成，如图4-122所示。以同样的方法制作折页封底，效果如图4-123所示。

图4—122　　　　　　　　　　　　　　　图4—123

4.7 本章小结

本章主要介绍了图形应用知识，包含了如何使用外部软件绘制的图形、如何绘制图形，以及如何编辑图形，还介绍了图形对象特效和对象样式。

4.8 本章习题

选择题

（1）在InDesign软件中可以绘制一些简单的图形，其中不包括（　　）。

    A. 直线　　　　　　　　B. 曲线　　　　　　　　C. 图像　　　　　　　　D. 色块

（2）在InDesign中绘制的图形，可以使用多种工具和命令来对其进行编辑修改，其中不包括（　　）。

    A. 直接选择工具　　　　B. 描边　　　　　　　　C. 色板　　　　　　　　D. 剪切

（3）对象样式可以快速设置图形、框架等对象的格式，设置对象样式不包括（　　）。

    A. 颜色　　　　　　　　B. 字符样式　　　　　　C. 文本绕排　　　　　　D. 投影

第5章
应用框架和图像对象

InDesign可以置入多种图像格式，在应用这些导入的图像时，要正确认识框架和图像的关系，InDesign可以对图像进行简单处理，并提供便捷的图像管理功能。

知识要点

➡ 图像基础知识
➡ 导入图像的方法
➡ 图像编辑方式
➡ 图像管理方式

5.1　图像基础知识

InDesign CS6是一款优秀的排版软件，因此软件中并不提供复杂的图像处理功能，但是InDesign可以接受其他软件处理的图像。在InDesign中，用户可以根据不同的作品需求导入各种图像，这需要客户对各种图像的格式、颜色模式等有所了解。本节介绍图像的相关知识，如图片格式、图像的颜色模式等。

5.1.1　图片格式

在InDesign中可以导入多种图形和图像文件格式，如主要用于印刷输出的AI、EPS、TIFF、JPEG、PDF、PSD 等格式和主要用于网络输出的GIF、BMP等格式，这些图片格式的特点如图5-1所示。

AI和EPS格式
Adobe公司的Illustrator软件可以输出矢量图形文件的格式，如常用的AI和EPS格式，这些矢量图形格式可以拷贝并粘贴到InDesign页面中，也可以置入到页面中

PSD格式
PSD格式是Adobe公司的图像处理软件Photoshop的专用格式。这种格式可以存储Photoshop中所有的图层、通道、参考线、注解和颜色模式等信息，该格式是InDesign最常导入的图像格式

TIFF格式
TIFF是一种比较灵活的图像格式，文件扩展名为TIF或TIFF。该格式支持256色、24位真彩色等多种色彩位，同时支持RGB、CMYK等多种色彩模式，并支持多平台

JPEG
JPEG直译为联合图片专家组，支持真彩色。它是带有压缩的一种文件格式，可以设置压缩的数值，由于此格式压缩会损失图像的质量，因此图片用于印刷时最好不要使用该格式

PDF
PDF是可移植文件格式。PDF阅读器Adobe Reader专门用于打开后缀为.PDF格式的文档。另外，PDF文件可以包含电子文档搜索和导航功能（如电子链接）

GIF和BMP格式
GIF格式是一种压缩的8位图像文件，文件体积较小，但缺点是不能用于存储真彩色的图像文件。BMP是Windows操作系统中的标准图像文件格式，能够被多种Windows应用程序所支持

图5-1

5.1.2　图像模式

置入到InDesign页面中的图片，最常用到4种颜色模式分别是RGB模式、CMYK模式、灰度模式、位图模式，这些颜色模式可以在Photoshop中根据不同的用途进行设置。

1. RGB与CMYK颜色模式

RGB颜色模式的图片主要用于屏幕显示和网络传播，CMYK模式的图片则用于印刷输出。

RGB模式的色彩范围要大于CMYK模式，所以RGB模式能够表现更多的颜色，而这些色彩在印刷时是难以印出来的，因此如果确定InDesign中排版设计的文件用于印刷，在Photoshop中最好将RGB模式的图片转换为CMYK模式，这样才能更好地控制图片的印刷质量，如图5-2所示。

图5—2

2．灰度与位图颜色模式

位图与灰度模式也是常见的图像的颜色模式，灰度模式是以从白色到黑色范围内的256个灰度级来显示图像，如图5-3所示。而位图模式只有两种颜色——黑色和白色，来显示图像，如图5-4所示。因此灰度图比位图颜色过渡更自然，所以如果图片是用于非彩色印刷而又需要表现图片的阶调，可以使用灰度模式；如果图片只有黑和白不需要表现阶调层次，则用位图图像。

图5—3   图5—4

5.1.3 图像分辨率

图像是由像素组成的，在单位长度中包含的像素数量就是分辨率，通常最常用的分辨率单位是ppi，即每英寸中包含的像素数量。理论上单位长度内的像素越多，即分辨率越高，图像的质量越好，该图像文档体积也越大。图像的输出目的不同，需要设置的分辨率也不一样，下面将介绍输出喷绘、写真、网页和印刷品的图像分辨率的通用规格。

1．喷绘和写真

喷绘通常是指户外大幅面广告，因为它输出的画面很大，如果图像分辨率设置过高，计算机运行就很慢，因此通常分辨率设置在12～72ppi之间，如图5-5所示。**写真通常用于室内展览展示，其输出画面较小，因此分辨率设置为72～120ppi之间即可**，如图5-6所示。

图5—5 　　　　　　　　　　　　　　　　　图5—6

2．网页

网页上的用图因为仅是用于屏幕显示，并不需要太高的精度，因此用于网页上的图片分辨率一般在72ppi就可以，如图5-7所示。

图5—7

3．印刷品

用于印刷品的图像分辨率要求极高，根据不同的印刷品种类对纸张的要求不一样，其分辨率要求也不一样，如使用新闻纸印刷的报纸图像分辨率通常设置在200~266ppi之间，**彩色书刊通常为300ppi**，高档画册通常为350~400ppi，如图5-8所示。

图5—8

小知识

矢量图形：是使用直线、曲线来描述的一种图片类型，这些直线和曲线都是通过数学计算公式获得的，**由于图形组成的最小单元不是像素，因此图形是不需要设置分辨率的**。图形文档体积较小，颜色比较单一，可以任意缩放且不会损失图片质量，如图5-9所示。**位图图像也称为点阵图、栅格图像或像素图，它是由单个像素点组成的，当图像被放大后，可以看见无数个构成图**像的像素点。图像文档体积较大，色彩丰富，颜色过渡自然，对图像进行缩放会影响图像质量，如图5-10所示。

图5-9

图5-10

5.2 导入图像

其他图像合成处理软件编辑好的图像，可以通过多种方式导入到InDesign页面中，最常用的是拖动方式和置入方式。

5.2.1 拖动方式导入图像

InDesign支持从文件夹中将图片文档直接拖动到页面中，并且可以将多张图片一次导入到页面中，打开文件夹，选中多张图片文档，然后将它们向InDesign页面拖动，如图5-11所示。当光标变为导入图片光标时，按住【Ctrl（Windows）/Command（Mac OS）+Shift】组合键在页面中单击，多张图片被导入到页面中，如图5-12所示。

图5-11

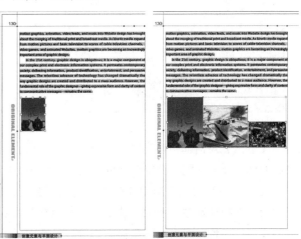

图5-12

使用拖动方式导入图片，如果页面中已经放置了一张图片，将导入图片拖动到已有的图片上，单击可以替换掉原有的图片，如图5-13所示。

图5-13

5.2.2 / 置入方式导入图像

通过置入的方式将图片导入InDesign页面中是最规范的操作，可以置入单张图片或者一次置入多张图片。执行【文件】>【置入】命令，在弹出的【置入】对话框中选择需要置入的图片文档，单击【打开】按钮，如图5-14所示。光标变为置入图标，在页面中单击，即可将图片导入到页面中，如图5-15所示。

图5-14   图5-15

在【置入】对话框中如果选中【显示导入选项】复选框，单击【打开】按钮之后会根据所选的图像格式弹出不同的设置对话框，在对话框中可以设置图片的置入规矩，如图5-16所示。

在【置入】对话框中选中【替换所选项目】复选框，如果置入前选中了图像，则新置入的图像将替换掉该选中的图像；选中【创建静态题注】复选框可以将图像信息一并置入到页面中，如文件的名称；置入的对象为文字的时候选中【应用网格格式】复选框，可以显示置入文字的文本框网格。

PSD格式的【图像导入选项】对话框中包含3个选项卡，在【图像】选项卡中可以应用在Photoshop中绘制的剪切路径，剪切路径外的图像将不显示，还可以应用在Photoshop中建立的Alpha通道，通道中黑色区域的图像将被屏蔽；在【颜色】选项卡中可以重新选择图片的色彩配置文件；在【图层】选项卡中可以显示或者隐藏某些图层

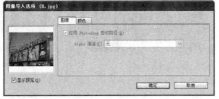

TIF、JPG、BMP、GIF格式的【图像导入选项】对话框，其中包含了【图像】和【颜色】选项卡，只是没有针对图层设置的选项卡，其中的设置内容与PSD格式一致

PDF格式的【置入PDF】对话框左侧【预览】区会显示图片的缩略图，在缩略图下方可以选择预览PDF文档的某个页面，在【页面】选项组中可以选择置入文档的页面数量，在【选项】选项组中可以设置置入文档的裁切区域，并可设置是否以透明背景效果置入InDesign

图5—16

5.2.3 实战案例——置入图像

01 执行【文件】>【新建】>【文档】命令，在弹出【新建文档】对话框中设置参数【宽度】为"120毫米"，【高度】为"60毫米"。单击【边距与分栏】按钮，在弹出的对话框中将所有边距设置为"0毫米"，单击【确定】按钮。如图5-17所示。

图5—17

02 执行【文件】>【置入】命令，在弹出的对话框中选择"素材/第5章/案例.jpg"文件，并单击【打开】按钮置入图片，如图5-18所示。

03 选择工具箱中的【选择工具】调整图片到相应位置，效果如图5-19所示。

04 执行【文件】>【置入】命令，在弹出的对话框中选择"素材/第5章/txt素材.txt"文件，置入后调整文本框位置，【字体大小】分别设置为"24点"和"12点"，完成效果如图5-20所示。

05 使用工具箱中的【文字工具】，选中全部文字设置【字体】为"华文琥珀"。设置标题颜色为黑色"C=0 M=0 Y=0 K=100"，正文内容颜色为"C=100 M=0 Y=0 K=0"。完成制作，效果如图5-21所示。

图5-18

图5-19

图5-20

图5-21

5.3 编辑图像

在InDesign中提供了一些简单编辑图像的命令，如移动、缩放、添加对象效果等操作，在编辑图像之前需要了解图像与框架之间的关系。

5.3.1 图像与框架的概念

在对图像进行编辑时需要分清选中的是图像还是图像框架，InDesign页面中的图像被框架所包围，框架就像一个容器用于装载图像。使用【选择工具】在图像上单击，可以看到图像四周出现一个框架定界框，此时选中的是图像的框架，如图5-22所示；使用【直接选择工具】在图像上单击，此时图像的四周会出现一个图像定界框，此时选中的是图像，如图5-23所示。

图5-22

图5-23

5.3.2 图像与框架的关系

当使用【选择工具】选中图像框架之后，可以移动图像框架，此时图像也会随之移动，如图5-24所示。

使用【选择工具】和【直接选择工具】拖动图像框架可以调整框架大小，该操作常用于裁剪图像，使用【选择工具】在图像框架的定界框上按住鼠标左键并拖动，松开鼠标左键可以看到框架大小发生变化，如图5-25所示。

使用【直接选择工具】选中框架锚点并拖动，松开鼠标可以看到框架形状发生变化，如图5-26所示。

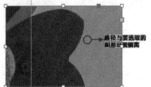

图5-24

图5-25

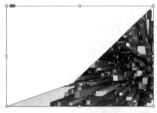

图5-26

当框架被调整后，图像与框架不适合，可以通过【适合】命令调整图像或者框架大小使其适合，使用【选择工具】选中图像的框架，执行【对象】>【适合】命令，在其子菜单选择一个命令即可，如图5-27所示。

图5-27

如需调整图像和框架的适合度，也可以通过单击控制栏中的"适合"按钮使其适合，如图5-28所示。

图5-28

5.3.3 编辑图像与框架

1. 选择框架或者图像

使用【选择工具】单击图像，可以选中图像的框架，如图5-29所示。使用【直接选择工

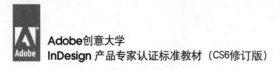

具】单击图像，可以选中框架中的图像，如图5-30所示。

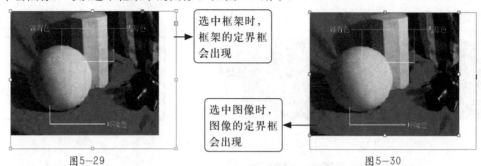

图5-29　　　　　　　　　　　　　　　　　　　图5-30

使用【选择工具】在图像上双击，可以选中框架中的图像，如图5-31所示。单击工具选项栏中的图标🔳或🔳，可以在框架和内容（图像）之间切换选择，如图5-32所示。

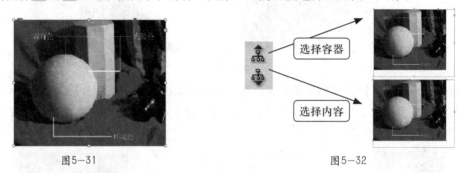

图5-31　　　　　　　　　　　　　　　　　图5-32

2．旋转框架和图像

使用【选择工具】选中图像框架之后，选择工具箱中的【旋转工具】，在图像上按住鼠标左键并拖动，松开鼠标左键即可旋转框架和图像，如图5-33所示。可以通过移动旋转固定点来重新设置旋转轴，此时图像会以该固定点进行旋转，如图5-34所示。

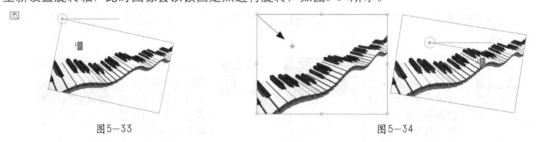

图5-33　　　　　　　　　　　　　　　　　图5-34

3．缩放框架和图像

缩放图像是最常用到的操作，在工具箱中选择【缩放工具】，在图像上按住鼠标左键并拖动，可以看到框架和图像被缩放，如图5-35所示。如需要等比缩放图像，在控制栏的"缩放百分比"中激活【约束缩放比例】按钮，然后输入数值，按【Enter（Windows）/Return（Mac OS）】键，图像即可等比缩放，如图5-36所示。

使用快捷键配合鼠标可以更方便地缩放图像，使用【选择工具】选中图像之后，按住【Ctrl（Windows）/Command（Mac OS）+Shift】组合键后拖动图像框架定界框，可以看到框架和图像被等比缩放，如图5-37所示。按住【Ctrl（Windows）/Command（Mac OS）】组合键拖动图像框架定界框，图像可以非等比进行缩放，如图5-38所示。

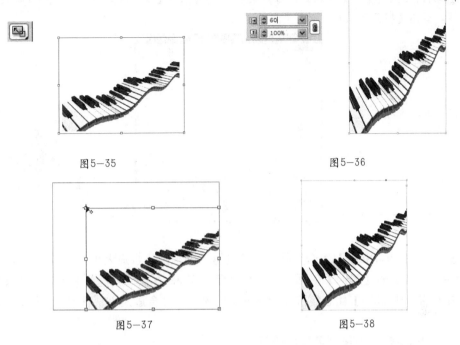

图5-35   图5-36

图5-37   图5-38

4．切变框架和图像

选中图像框架之后，在工具箱中选择【切变工具】，在图像上拖动，可以看到框架和图像产生切变效果，如图5-39所示。

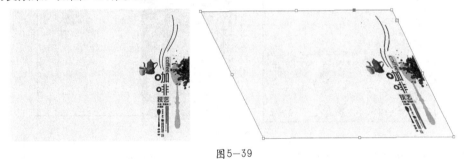

图5-39

5.3.4 实战案例——名片制作

01 执行【文件】>【新建】>【文档】命令，在弹出的【新建文档】对话框中设置参数如图5-40所示，单击【确定】按钮，创建文件。

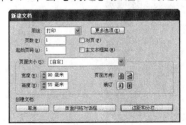

图5-40

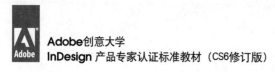
02 执行【文件】>【置入】命令，在弹出的【置入】对话框中单击"素材/第5章/logo. ai"文件，单击【打开】按钮，效果如图5-41所示。

图5-41

03 按住【Ctrl+Shift】组合键拖曳鼠标左键调整至图片合适大小。执行【文件】>【置入】命令，在弹出的【置入】对话框中选择"素材/第5章/科技图.jpg"文件，单击【打开】按钮。按住【Ctrl+Shift】组合键拖曳鼠标左键调整至图片合适大小，移动到如图5-42所示的位置。

图5-42

04 选择工具箱中的【文字工具】，按住鼠标左键在文中拖曳鼠标，创建一个文本框，除"客服经理"外所有字体为"黑体"，调整公司名称和人名的【字体大小】为"12点"，下方的地址、电话等信息的【字体大小】为"10点"，"客服经理"的【字体】设置为"方正楷体简体"，【字体大小】设置为"8点"。得到的效果如图5-43所示，名片制作完成，得到的最终效果如图5-44所示。

图5-43   图5-44

5.4 管理图像

在InDesign页面中导入多张图像，为了能够更好地控制编辑这些图像，需要对图像进行有效的管理，InDesign可以非常便捷地管理大量的图像。

5.4.1 控制图像的显示性能

为了加快显示速度，导入到InDesign页面中的图像默认显示为"典型显示"，即图像显示为马赛克效果，此种效果只是用于显示，不影响图像的印刷效果和输出效果，在InDesign中可以调整图像的显示方式。**执行【视图】>【显示性能】命令**，在其子菜单中可以选择3种显示方式以显示整个文档中的所有图像，**【快速显示】是将图像以灰色色块显示，该显示效果速度最快；【典型显示】以低分辨率效果即马赛克效果显示图像；【高品质显示】以高分辨率方式来显示图像，该显示方式的图像效果最清晰，但是显示速度也最慢，因此除非要仔细观察图像，否则不建议在该显示方式下排版**，如图5-45所示。

InDesign中也可以对某个单独对象的显示性能进行设置，使用【选择工具】选中图像之后，执行【对象】>【显示性能】子菜单中的命令，可以设置单个图像对象的显示效果，如图5-46所示。

图5-45

在【视图】>【显示性能】子菜单中还分列着两个命令，只有选中【允许对象级显示设置】命令，才能针对单独的对象进行显示性能的设置，选中【清除对象级显示设置】命令可以清除单个对象的显示性能，使其以文档显示性能来显示图像效果。

图5-46

如果需要修改显示性能的默认设置，可以执行【编辑】>【首选项】>【显示性能】命令，在弹出的对话框的【选项】选项组中可以设置默认视图的显示性能，如设置【默认视图】为【高品质】，那么在InDesign中打开和新建的文档都将以高清晰显示图像；在【调整视图设置】选项组中可以分别对3种显示方式进行设置，如选择【快速】方式后将【栅格图像】滑块拖动到最右侧，那么图像的快速显示方式将以高清晰显示图像。【灰条化显示的阈值】用于设置文字的显示方式，当以100%比例显示文档的时候，小于设置阈值的文字将以灰色块方式显示，如图5-47所示。

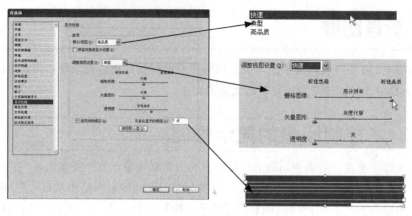

图5—47

5.4.2 链接图像和嵌入图像

导入到InDesign页面中的图像以两种状态存在于文档中，一种是链接的状态，此类图像称为链接图像；一种是嵌入的状态，此类图像称为嵌入图像。

链接的图像与文档保持独立，导入到页面中的图像仅是该图像缩略图的替身，当文档要以高品质显示或者印刷输出的时候，文档会去查找原始图像并与该原始图像进行链接，这样才能保证图像的高品质输出，如图5-48所示。使用链接图像是一种先进的方式，该种方式得到的文档较小，因此打开和存储文档速度很快，并且当编辑原始图像的时候，不需要重新将图像导入，链接图像会显示和提示图像发生变化；要使文档能查找到原始图像以建立链接，不能任意更改图像的存放位置，否则丢失链接后图像不能高品质输出。

图5—48

嵌入的图像会将图像本身导入到文档中，该种方式文档不需要与原始图像建立链接，即可进行高品质显示和输出印刷，如图5-49所示。该方式得到的文档较大，并且当使用Photoshop重新编辑图像后，需要将页面中的图像删除和重新导入图像。图像的链接状态和嵌入状态，可以通过在【链接】调板中进行切换。

图5—49

5.4.3 / 使用【链接】调板管理图像

1.【链接】调板概述

【链接】调板用于管理导入InDesign文档中的图片，导入的图片会分列在【链接】调板中，使用【链接】调板可以完成查阅图片信息、链接图像、修改图片状态等操作。执行【窗口】>【链接】命令，即可打开【链接】调板，【链接】调板中蓝显的条目是当前选中的图像，并且在【链接信息】栏中显示该图像的所有信息，如图像的色彩空间、有效ppi等，如图5-50所示。

在【链接】调板中的上方是图像管理区，下方是图像信息区。图像管理区用来管理所有的链接图和嵌入图，这些图像都被以条目的形式分列在管理区的中部。管理区中的图像条目分为3部分，左侧是状态，用于表示该图像与原始图像的链接关系；居中是图像的名称；右侧是图像所处的页面，如图5-51所示。

图5-50

将链接图像条目分为"状态"、"名称"、"页面"3部分，分别单击这3个按钮，可以使管理区中的链接图像重新排序

链接图像的状态在此处被标注，链接正常无显示图标、██表示该图像为嵌入图像、◎表示图像丢失链接、⚠表示链接图像的原始图像被修改、▣表示部分链接图像的原始图像被修改

如果一张图片应用多次，则这些图片将被合并到一个组里，单击三角按钮可以展开该图像组

此处显示链接图像处于的页面，如"76"表示该图像处于页面"76"上，"PB"表示链接图像在页面外

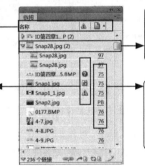

图5-51

2.应用【链接】调板

当链接图像的原始图像丢失或者被修改，一定要使其恢复链接才能正常输出印刷。当文档中的链接图像丢失或者修改了原始图像，在打开的时候会自动弹出提示对话框，单击【确定】按钮或者按【Enter（Windows）/ Return（Mac OS）】键，然后到【链接】调板中进行设置，如图5-52所示。

图5-52

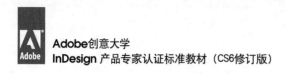

修复丢失链接图像，在【链接】调板丢失链接图的栏上选中该图像，单击【链接】调板右侧的小黑三角按钮，在弹出的快捷菜单中选择【重新链接】命令，如图5-53所示。在弹出【定位】对话框中找到原始图像，单击【打开】按钮，可以看到链接图像的图标消失，如图5-54所示。

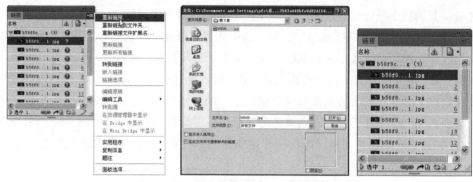

图5-53　　　　　　　　　　　　　　　　　　　　　　　图5-54

更新链接，在【链接】调板选中原始图像被修改的链接图像，单击【链接】调板右侧的小黑三角按钮，在弹出的快捷菜单中选择【更新链接】命令，链接图像的图标消失表示被更新，如图5-55所示。也可以在图像栏上右击，在弹出的快捷菜单中选择"更新链接"命令，图像被更新，如图5-56所示。

图5-55　　　　　　　　　　　　　　　图5-56

转换图像的嵌入和链接状态，在【链接】调板中选中一张链接图，单击【链接】调板右侧的小黑三角按钮，在弹出的快捷菜单中选择【嵌入链接】命令，即可将链接图转为嵌入图，如图5-57所示；如果选中的是一张嵌入图，则可以选择【取消嵌入链接】命令，然后在弹出的对话框中单击【是】按钮，即可将嵌入图转为链接图，如果单击【否】按钮，则弹出【选择文件夹】对话框，在其中可以查找该图像其他文件夹中的备份文档，如图5-58所示。

图5-57　　　　　　　　　　　　　　　图5-58

可以使用【选择工具】来选中图像，也可以通过【链接】调板来选中图像，单击【链接】
调板右侧的小黑三角按钮，在弹出的快捷菜单中选择【转到链接】命令，页面会自动跳转到该
图像的页面并选中该图像，如图5-59所示。

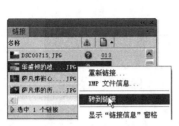

图5-59

编辑原稿，可以通过【链接】调板来编辑原稿，在【链接】调板中选中一张链接图，然后
在调板快捷菜单中选择【编辑原稿】命令，可以看到此图像格式对应的编辑软件会自动打开，
如图5-60所示。

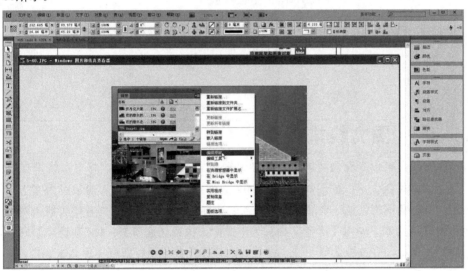

图5-60

↘ 小知识

在【链接】调板的下方分列着多个图标按钮，可以单击这些按钮以更新应用相关功能，如
图5-61所示。

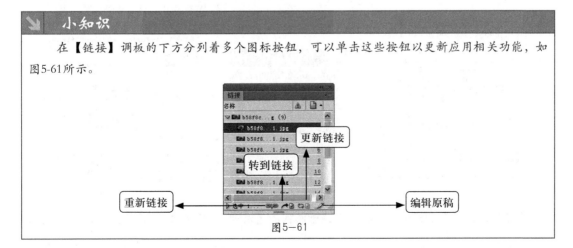

图5-61

5.5 应用图像

在InDesign页面中导入的图像，可以做一些特殊的应用，如插入文本框、对图像填色、图文绕排。

5.5.1 将图像插入文本框

图像可以插入到文本框中，使用【选择工具】选中图像，按【Ctrl（Windows）/Command（Mac OS）+X】组合键剪贴图像，使用【文字工具】在文本中单击设置插入点，按【Ctrl（Windows）/Command（Mac OS）+V】组合键，图像被粘贴到文本框中，当移动文本框架时，可以看到图像也随之移动，如图5-62所示。

Pa nullabor sum ipiendem exceria
debit, quidebit harunt ut parum abo.
Ut excearum, conseribus,

Pa nullabor sum ipiendem exceria
debit, quidebit harunt ut parum abo.
Ut excearum, conseribus ,

图5-62

5.5.2 图文绕排

在InDesign中可以对图像或者对象框架设置"文本绕排"，可以将文本绕排在任何对象周围，包括文本框架、导入的图像以及在 InDesign 中绘制的对象。对对象应用文本绕排时，InDesign 会在对象周围创建一个阻止文本进入的边界，文本所围绕的对象称为绕排对象，文本绕排也称为环绕文本。使用【选择工具】选中图像，执行【窗口】>【文本绕排】命令，打开【文本绕排】调板，在其中选择一种绕排方式，并进行参数设置即可实现文本绕排，如图5-63所示。

图5-63

在【文本绕排】调板中，可以指定绕排形状，【沿定界框绕排】是指创建一个矩形绕排，其宽度和高度由所选对象的定界框确定；【沿对象形状绕排】也称为轮廓绕排，它创建与所选框架形状相同的文本绕排边界；【上下型绕排】可以使文本不会出现在框架右侧或左侧的任何可用空间中；【下型绕排】可以强制周围的段落显示在下一栏或下一文本框架的顶部，如图5-64所示。

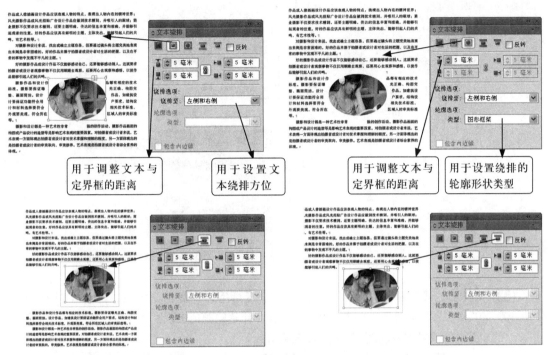

图5-64

5.6 综合案例——书籍封面

某出版社有一本书要进行出版，在出版之前，需要为书籍设计书封。在设计的书封中要突出书籍的内容和知识要点等，下面就对书籍封面的制作过程进行详细讲解。

📹 知识要点提示

图像的导入
图像的编辑
使用【链接】调板管理图像

📁 操作步骤

01 执行【文件】>【新建】>【文档】命令，弹出【新建文档】对话框，在对话框中设置【宽度】和【高度】分别为"435毫米"和"285毫米"，如图5-65所示。单击【边距和分栏】按钮，弹出【新建边距和分栏】对话框，将上、下、内、外的边距都设置为"0毫米"，如图5-66所示。

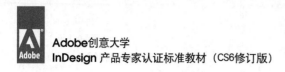

02 单击【确定】按钮，新建的页面出现在文档中，选择工具箱中的【矩形工具】，沿页面出血线的边缘绘制一个矩形，如图5-67所示。执行【窗口】>【色板】命令，打开【色板】调板，选择【色板】调板快捷菜单中的【新建颜色色板】命令，如图5-68所示。

图5-65

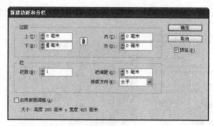

图5-66

图5-67

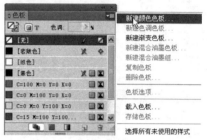

图5-68

03 在弹出的【新建颜色色板】对话框中设置青色、洋红色、黄色、黑色分别为"0、40、100、0"，如图5-69所示，单击【确定】按钮，新建的颜色出现在色板中，如图5-70所示。

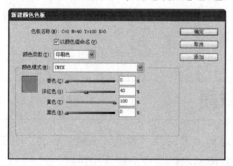

图5-69

图5-70

04 使用工具箱中的【选择工具】将矩形选中，在【色板】调板中单击【填色】图标，使其处于激活状态，在【色板】调板中单击新建的色板"C=0 M=40 Y=100 K=0"，如图5-71所示，选中的矩形被填充颜色，如图5-72所示。

图5-71

图5-72

05 在文档X=210mm和X=235mm处创建两条垂直参考线，如图5-73所示。

图5-73

06 执行【文件】>【置入】命令，弹出【置入】对话框，在对话框中选择"素材/第5章/14.jpg"，如图5-74所示，单击【打开】按钮，在页面的空白处单击，将图像置入，使用【选择工具】将图片移动至文档的合适位置，如图5-75所示。

图5-74

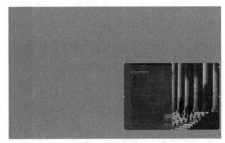

图5-75

07 选择工具箱中的【选择工具】，按住【Ctrl（Windows）/Command（Mac OS）+Shift】组合键的同时，将光标放在图像顶端的控制点上，当光标变为‡形状时，按住鼠标左键不放并向下拖动，如图5-76所示。此时，图像等比例缩小，缩小至合适大小时，松开鼠标左键，如图5-77所示。

图5-76

图5-77

08 执行【文件】>【置入】命令，弹出【置入】对话框，按住【Ctrl（Windows）/Command（Mac OS）】键的同时在对话框中选择"素材/第5章/1.jpg、2.jpg、4.jpg、10.jpg"，如图5-78所示，单击【打开】按钮，在页面的空白处单击，将图像置入。使用同样的方法用【选择工具】将图像等比例缩小，按住【Shift】键，分别在4张图片上单击，将4张图片全部选中，按【Shift+F7】组合键，打开【对齐】调板，在【对齐】调板中单击【顶对齐】按钮，图像顶部对齐，如图5-79所示。

图5-78

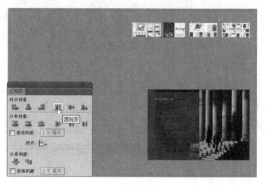

图5-79

09 选择工具箱中的【选择工具】，将光标放在左侧图片左边的控制点上，按住鼠标左键不放并向右拖动，将图片进行裁切，如图5-80所示，裁切完毕后，松开鼠标左键，裁切效果如图5-81所示。

图5-80

图5-81

10 执行【文件】>【置入】命令，弹出【置入】对话框，在对话框中选择"素材/第5章/图形.ai"，如图5-82所示。单击【打开】按钮，在页面的空白处单击，将图形置入，使用【选择工具】将图形移动至文档的合适位置，如图5-83所示。

图5-82

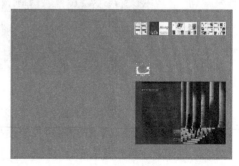

图5-83

11 选择工具箱中的【文字工具】，在页面中输入文字，指定文字的字体和字号，并为文字指定颜色，如图5-84所示。

图5-84

(12) 使用【文字工具】继续在页面中输入文字，设置文字的字体、字号和颜色，并放置到文档的合适位置，如图5-85所示。

图5-85

(13) 继续将剩余的图片置入，调整它们的大小，并摆放到合适位置，如图5-86所示。执行【窗口】>【链接】命令，打开【链接】调板，查看链接是否缺失，如图5-87所示。

图5-86   图5-87

(14) 使用【文字工具】在书籍上添加文字，设置文字的字体、字号以及颜色，如图5-88所示。

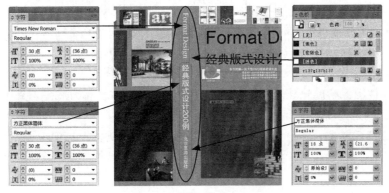

图5-88

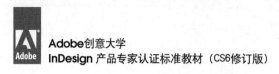

⑮ 此时，便完成了对书籍封面的设计，按【W】键进入预览模式，观察设计效果，如图 5-89所示。

图5-89

5.7 本章小结

本章主要介绍了图像的基础知识，应该正确认识InDesign不是一个图像处理软件，因此其只能对图像进行简单处理，但是InDesign强大的图像管理功能，可以极大地提高排版速度和正确率。

5.8 本章习题

选择题

（1）在InDesign中可以导入多种图形和图像文件格式，如主要用于印刷输出的AI、EPS、TIFF、JPEG、PDF、PSD等格式，主要用于网络输出的格式不包括（　　）。

    A. Word   B. GIF   C. BMP

（2）置入到InDesign页面中的图片，最常用到的4种颜色模式不包括（　　）。

    A. RGB模式   B. CMYK模式

    C. 位图模式   D. 黑白模式

（3）其他图像合成处理软件编辑好的图像，可以通过多种方式导入到InDesign页面中，最常用到的是拖动方式和（　　）。

    A. 打开方式   B. 置入方式   C. 导入方式

第6章
色彩管理应用

本章主要介绍InDesign关于颜色管理的知识，通过对本章的学习可以了解颜色模式，掌握创建色板、编辑和管理色板的方法，以及如何使用色板为对象添加填充色和描边色。

知识要点

➡ 了解颜色的模式

➡ 掌握【色板】调板的管理

➡ 掌握【色板】调板的使用方法

➡ 掌握专色的创建与应用

6.1 颜色基础

物体本身是不具备颜色的，我们之所以能看到各种不同颜色的物体，是因为物体表面具有不同的吸收光线和反射光线的能力，所以我们的眼睛才会看到不同颜色的物体。因此，色彩是一种人对光的视知觉。

6.1.1 颜色基本理论

1. 色光加色法和色料减色法

颜色可以互相混合，两种或两种以上的颜色经过混合之后便可以产生新的颜色，这在日常生活中几乎随处可见。无论是绘画、印染，还是彩色印刷，都以颜色混合为最基本的工作方法。

颜色混合有色光的混合和色料的混合两种，分别称为色光加色法和色料减色法。

（1）色光加色法。红、绿、蓝3种色光相混合时，会同时或在极短的时间内连续刺激人的视觉器官，使人产生一种新的色彩感觉，并且随着光的增加，感觉也越来越亮，因此称这种色光混合为加色混合。这种由两种以上色彩相混合，呈现另一种色光的方法称为色光加色法，红（R）、绿（G）、蓝（B）也称为色光三原色，如图6-1所示。

色光加色法的三原色光等量相加混合效果如下：

红光（R）+绿光（G）=黄光（Y）

红光（R）+蓝光（B）=品红光（M）

绿光（G）+蓝光（B）=青光（C）

红光（R）+绿光（G）+蓝光（B）=白光（W）

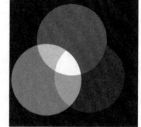

图6-1

（2）色料减色法。当白光照射到黄、品红（洋红）、青色料上时，色料从白光中吸收一种或几种单色光从而呈现另一种颜色，色料增加的越多，吸收的光越多，感觉越暗，因此将这种颜色混合方式称为色料减色法，简称减色法。黄、品红（洋红）、青色也称为色料三原色，如图6-2所示。

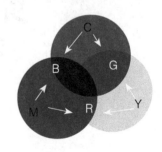

图6-2

2. 色彩的3个属性

（1）色相。色相是指颜色的相貌，它是颜色的最主要、最基本的特征，表示颜色本质的区别，如红、橙、黄、绿、青、蓝、紫。

（2）明度。明度表示物体颜色深浅明暗特征，是判断一个物体比另一个物体能够较多或较少地反射光的色彩感觉的属性。简单地说，色彩的明度就是人眼所感受的色彩的明暗程度。

（3）饱和度。饱和度是指颜色的纯洁度。可见光谱的各种单色是最饱和的彩色。

3. 印刷色和专色

理论上黄、品红（洋红）、青色料混合应该呈现黑色，由于油墨纯度问题只能得到一个较黑的褐色，印刷中通过加入黑色油墨来获得印刷品的暗调部分，使用黑色油墨可以更好地控制印刷效果，直接使用黑色油墨可以印刷黑白印刷品并且可以控制成本。在实际生产中，使用这4种油墨可以混合出彩色图案，彩色印刷通常也称为四色彩印，**黄（Y）、洋红（M）、青（C）、黑（K）四色称为印刷色。**

用于四色彩印的图像，在Photoshop中应该设置为印刷专用的颜色模式CMYK，在其他绘图和排版软件中也应该将颜色定义为CMYK。

专色油墨是指一种预先混合好的特定彩色油墨，如荧光黄色、珍珠蓝色、金属金银色油墨等，它不是靠CMYK四色混合出来的，具有**以下4个特点。**

（1）**准确性。**每一种专色都有其本身固定的色相，所以它能够保证印刷中颜色的准确性，从而在很大程度上解决了颜色传递准确性的问题。

（2）**实地性。**专色一般用实地色定义颜色，而无论这种颜色有多浅。当然，也可以给专色加网（Tint），以呈现专色的任意深浅色调。

（3）**不透明性。**专色油墨是一种覆盖性质的油墨，它是不透明的，可以进行实地的覆盖。

（4）**表现色域宽。**专色通常超出了RGB和CMYK颜色空间的表现色域，因此采用专色可以表现用CMYK四色印刷油墨无法呈现的颜色。

6.1.2 颜色模式

为了识别颜色性质可以使用多种颜色模式，颜色模式决定了用于显示和打印图像的颜色模式。InDesign颜色模式的建立以用于描述和重现色彩的模式为基础。常见的模式主要包括RGB（红色、绿色、蓝色）、CMYK（青色、洋红、黄色、黑色）和Lab等。

1. RGB颜色模式

RGB色彩模式的图片是通过对红（R）、绿（G）、蓝（B）3个颜色通道的变化以及它们相互之间的叠加来得到各式各样的颜色的，所有RGB模式产生颜色的方法被称为色光加色法。RGB代表红、绿、蓝3个通道的颜色，这个标准几乎包括了人类视力所能感知的所有颜色，是目前运用最广的颜色系统之一。

RGB色彩模式使用RGB模型为图像中每一个像素的RGB分量分配一个0~255范围内的强度值。RGB图像只使用3种颜色，就可以使它们按照不同的比例混合，在屏幕上重现16 777 216种颜色。

在RGB模式下，每种RGB成分都可使用从0（黑色）到255（白色）的值。例如，亮红色使用R值255、G值0和B值0。当所有3种成分值相等时，产生灰色阴影。当所有成分的值均为255时，结果是纯白色；当该值为0时，结果是纯黑色，如图6-3所示。

在显示屏上显示颜色定义时，往往采用这种模式，电视、幻灯片、网络和多媒体一般使用RGB模式。

2. CMYK颜色模式

CMYK也称为印刷色彩模式，是一种依靠反射光线呈色的色彩模式，和RGB类似，CMY是3种印刷油墨名称的首字母：青色Cyan、洋红色Magenta、黄色Yellow。而K

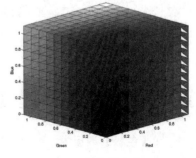

图6-3

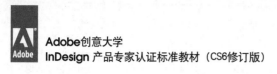
取的是Black最后一个字母，之所以不取首字母，是为了避免与蓝色（Blue）混淆。

CMYK颜色模式是一种印刷模式。CMYK模式在本质上与RGB模式没有什么区别，只是产生色彩的原理不同，在RGB模式中由光源发出的色光混合生成颜色，而在CMYK模式中由光线照到有不同比例C、M、Y、K油墨的纸上，部分光谱被吸收后，反射到人眼的光产生颜色。C、M、Y、K在混合成色时，随着C、M、Y、K四种成分的增多，反射到人眼的光会越来越少，光线的亮度会越来越低，所以CMYK模式产生颜色的方法又被称为色料减色法，如图6-4所示。

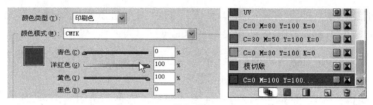

图6-4

在打印或印刷图像时，应使用CMYK颜色模式，如果文档中存在RGB模式的图像，应先在图像编辑软件中将其转换为CMYK模式，再置入到InDesign页面中。

3．Lab颜色模式

Lab色彩模型是由照度（L）和有关色彩的a、b 3个要素组成。L表示亮度，a表示从洋红色至绿色的范围，b表示从黄色至蓝色的范围。L的值域为0~100，L=50时，就相当于50%的黑；a和b的值域都是+127~−128，其中+127 a就是洋红色，渐渐过渡到−128 a的时候就变成绿色；同样原理，+127 b是黄色，−128 b是蓝色。所有的颜色就这3个值交互变化所组成。例如，一块色彩的Lab值是L= 100，a= 30，b = 0，这块色彩就是粉红色。

Lab色彩模型除了上述不依赖于设备的优点外，还具有自身的优势：色域宽阔。它不仅包含了RGB、CMYK的所有色域，还能表现它们不能表现的色彩。人的肉眼能感知的色彩都能通过Lab模型表现出来。另外，Lab色彩模型的绝妙之处还在于它弥补了RGB色彩模型色彩分布不均的不足，因为RGB模型在蓝色到绿色之间的过渡色彩过多，而在绿色到红色之间又缺少黄色和其他色彩。Lab色彩模型如图6-5所示。

图6-5

> **小知识**
>
> 如果想在数字图形的处理中保留尽量宽阔的色域和丰富的色彩，最好选择Lab。

6.2 认识和管理【色板】

在【色板】调板中，可以新建、编辑以及删除颜色，还可使用调板为对象填充颜色、专色、渐变色等。

6.2.1 / 认识【色板】调板

【色板】调板可以创建和命名颜色、渐变，改变颜色的色调，并将它们快速应用于文档中的对象上。执行【窗口】>【色板】命令，打开【色板】调板，如图6-6所示。在色板中分布着一些颜色图标，使用这些图标可以更方便地设置颜色，如图6-7所示。

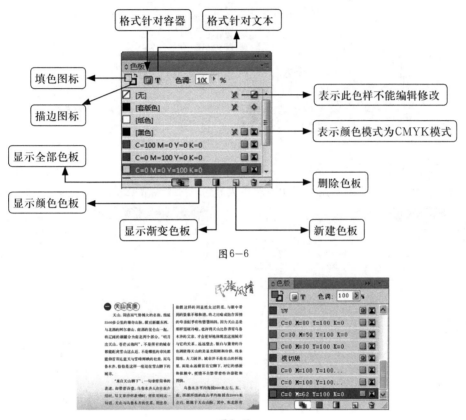

图6—6

图6—7

单击【色板】调板右侧的小黑三角按钮，在弹出的快捷菜单中通过选择【名称】、【小字号名称】、【小色板】或【大色板】命令改变【色板】调板的显示模式。

选择【名称】命令将在该色板名称的旁边显示一个小色板。该名称右侧的图标显示颜色模式（CMYK、RGB 等）以及该颜色是专色、印刷色、套版色还是无颜色，如图6-8所示。

图6—8

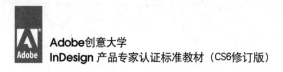

选择【小字号名称】命令，将使用小字号显示精简的【色板】调板，如图6-9所示。

图6—9

选择【小色板】或【大色板】命令，将仅显示色板。如图6-10所示为小色板，图6-11所示为大色板。色板一角带点的三角形表明该颜色为专色，不带点的三角形表明该颜色为印刷色。

图6—10

图6—11

6.2.2 / 创建颜色

1. 新建颜色色板

InDesign的【色板】调板在默认状态下有软件系统默认的颜色，为了得到更多的颜色，需要自己设置颜色。

单击【色板】调板右侧的小黑三角按钮，在弹出的快捷菜单中选择【新建颜色色板】命令，如图6-12所示。在弹出的对话框中，【颜色类型】选择【印刷色】，【颜色模式】选择【CMYK】，分别拖动青、洋红、黄、黑色的滑块即可设置颜色数值。如果想一次设置多个颜色，可以单击【添加】按钮将设置好的颜色添加到【色板】调板中，然后再次拖动滑块定义其他颜色；如果只需要设置一个颜色，直接单击【确定】按钮，设置的颜色会被添加到【色板】调板中，如图6-13所示。

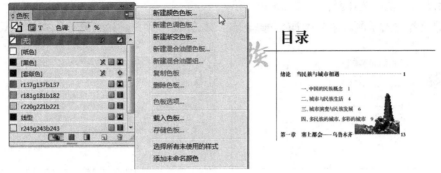

图6—12

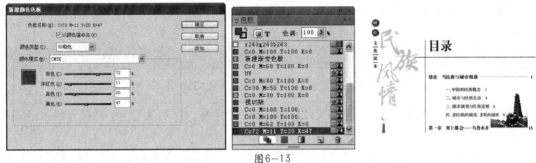

图6—13

2. 新建渐变色板

渐变是两种或多种颜色之间或同一颜色的两个色调之间的逐渐混合。渐变包括纸色、印刷色、专色或使用任何颜色模式的混合油墨颜色。渐变是通过渐变条中的一系列色标定义的。色标是指渐变中的一个点，渐变在该点从一种颜色变为另一种颜色，色标由渐变条下的彩色方块标识。默认情况下，渐变以两种颜色开始，中点在50%的位置上。

可以使用处理纯色和色调的【色板】调板来创建渐变色，也可以使用【渐变】调板创建渐变色。本知识点主要讲解通过【色板】调板创建渐变色。

在【色板】调板中单击调板右侧的小黑三角按钮，在弹出的快捷菜单中选择【新建渐变色板】命令，如图6-14所示。

图6—14

弹出【新建渐变色板】对话框，在对话框中输入渐变名称。选择渐变类型，可以设置为【线性】或【径向】。然后选择渐变中的第一个色标，如图6-15所示。

若要选择【色板】调板中的已有颜色，可以在【站点颜色】下拉列表框中选择【色板】命令，然后从列表框中选择颜色，如图6-16所示。

图6-15

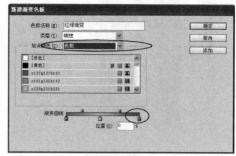

图6-16

若要为渐变混合一个新的未命名颜色，先选择一种颜色模式，然后输入颜色值或拖动滑块。

> **提示**
>
> 默认情况下，渐变的第一个色标设置为白色。要使其透明，可以应用"纸色"色板。

要更改渐变中的最后一种颜色，可以选择最后一个色标，然后重复上一步操作，如图6-17所示。

若要调整渐变颜色的位置，可以拖动位于【渐变曲线】条下的色标。选择【渐变曲线】条下的一个色标，然后在【位置】文本框中输入数值以设置该颜色的位置。该位置表示前一种颜色和后一种颜色之间的距离百分比。

若要调整两种渐变颜色之间的中点（颜色各为 50% 的点），可以拖动【渐变曲线】条上的菱形图标。 选择【渐变曲线】条上的菱形图标，然后在【位置】数值框中输入数值，以设置该颜色的位置。该位置表示前一种颜色和后一种颜色之间的距离百分比。

单击【确定】或【添加】按钮。该渐变连同其名称将存储在【色板】调板中，如图6-18所示。

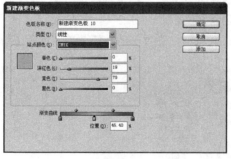

图6-17

图6-18

3．外来颜色

由于InDesign可以接受其他软件的文件，如Photoshop处理的图像、Illustrator绘制的图像、Word和Excel的文字及表格等文件，因此这些文档在进入InDesign之后，其自带的一些颜色也会被自动放置在【色板】调板中。

使用Illustrator打开文档，选择复制对象，然后将对象粘贴到InDesign文档中，可以看到对象使用的颜色自动被放置在【色板】调板中，如图6-19所示。

图6—19

6.2.3 / 实战案例——图书内页版式设计

01 执行【文件】>【新建】命令，弹出【新建文档】对话框，其参数设置如图6-20所示，单击【边距和分栏】按钮，弹出【新建边距和分栏】对话框，采用默认设置，单击【确定】按钮，创建一个文件。使用【矩形工具】在页面右侧绘制一个矩形，如图6-20所示。

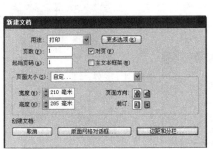

图6—20

02 打开【色板】调板，单击【描边】按钮，使其置于上方。选择颜色列表框的"无"颜色，使矩形框无描边色。单击【填色】按钮，使其置于上方，单击【色板】调板右侧的小黑三角按钮，在弹出的下拉菜单中选择【新建颜色色板】，弹出【新建颜色色板】对话框，选中【以颜色值命名】复选框，设置【颜色类型】为"印刷色"，【颜色模式】为"CMYK"，颜色色值为"C=0 M=10 Y=90 K=0"，如图6-21所示。

图6—21

03 单击【添加】按钮，在【色板】调板中添加新建的颜色，然后再单击【完成】按钮，得到的效果如图6-22所示。

04 使用【矩形工具】在黄色矩形框的左边绘制一个矩形，按住【Ctrl+Shift+[】组合键，使矩形框置于黄色矩形色块的下方，效果如图6-23所示。

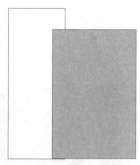

图6—22   图6—23

05 执行【对象】>【角选择】命令，在弹出的【角选项】对话框中设置【效果】为"圆角"，【大小】为"5毫米"，如图6-24所示。单击【确定】按钮，完成角效果的设置。使用【直线工具】创建一条直线。设置【宽度】为"1.5毫米"，【描边】的颜色值为"C=50 M=0 Y=90 K=0"，并且填充到圆角矩形中。按住【Shift+Ctrl+[】组合键，使圆角矩形置于最下方，选择工具箱中的【文字工具】在矩形框中输入"第6章/案例1素材.txt"中的文字，得到的效果如图6-25所示。

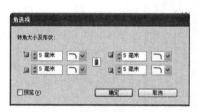

图6—24   图6—25

6.2.4 / 编辑颜色

1. 编辑颜色色板

在【色板】调板中，可以通过编辑修改已有的颜色。在【色板】调板中单击要编辑的颜色以将其选中，在【色板】调板快捷菜单中选择【色板选项】命令，如图6-26所示。弹出【色板选项】对话框，在对话框中可以更改颜色的颜色类型、颜色模式和颜色的数值，如图6-27所示。

更改完各个选项的参数后，单击【确定】按钮，便可完成对色板的编辑。

2. 编辑渐变色板

在【色板】调板中，也可以通过编辑来修改已经创建的渐变色。其方法与修改颜色色板的方法相同。在【色板】调板中单击要编辑的渐变颜色以将其选中，在【色板】调板快捷菜单中选择【色板选项】命令，如图6-28所示。弹出【渐变选项】对话框，在对话框中可以更改渐变颜色的色板名称、渐变类型和站点颜色等，如图6-29所示。

图6-26   图6-27

图6-28   图6-29

另外，也可以通过添加颜色以创建多色渐变或通过调整色标和中点来修改渐变。最好用要调整的渐变为对象填色，以便调整渐变的同时在对象上预览效果。

使用【选择工具】选择一个填充了渐变色的对象。双击【色板】调板中的渐变色，或打开【渐变】调板。单击渐变条下的任意位置，定义一个新色标。新色标将由现有渐变上该位置处的颜色值自动定义。设置新色标的颜色，如图6-30所示，得到的效果如图6-31所示。

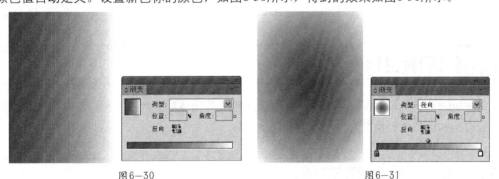

图6-30   图6-31

6.2.5 删除颜色

在【色板】调板中，可以将不需要的色板删除。在【色板】调板中单击要删除的色板以将其选中，单击调板底部的【删除色板】按钮或在调板快捷菜单中选择【删除色板】命令，如图6-32所示。

此时，如果要删除的色板没有应用于任何对象，色板将直接被删除；如果要删除的色板应用于页面的某一对象上，如文字、图形和图像等，将弹出【删除色板】对话框，如图6-33所示。

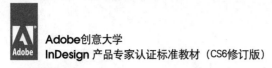

图6-32

图6-33

选择【已定义色板】单选按钮，在其下拉列表框中可以选择某一种颜色，来替换删除的颜色，单击【确定】按钮，即可将色板删除。

> **小知识**
>
> 在InDesign色板中的前4种颜色（无色、纸色、黑色、套版色）是InDesign中内置的默认颜色，这些颜色是不能被删除的。
>
> 无色：无色意味着在InDesign出版物对象中增加的任何颜色，并且是一种使任意InDesign所画对象透明的快速方法。
>
> 纸色：纸色意味着无油墨或空白，也就是在印刷时没有油墨印在对象上。
>
> 黑色：定义为设置成压印的黑色，不能对黑色进行编辑。如果要创建一个镂空的黑色，则需要复制默认黑色，并根据要求进行编辑，同时修改名字表示它是镂空的黑色。
>
> 套版色：同黑色一样，不能对其进行编辑。套版色也可将CMYK值都定义为100%，因此任意一个已指定颜色的对象都能分色成每一层叠或印版。套版色可用于任何情况，例如出版物注释，或自定的周边十字线等那些想要印在每一个特殊色层叠或印刷色分色片上的东西。

6.3 使用色板

使用InDesing中的色板，能准确设置编辑颜色，并快速准确地为文档中的文本和图形图像设置描边色和填充色，能提升工作质量和工作效率。

6.3.1 设置填充色

使用【色板】调板可以为页面中的多种对象添加填充色，如图形、图像和文字等，使页面拥有丰富的色彩。

使用【选择工具】选中需要添加颜色的图形，如图6-34所示。在【色板】调板中单击【填色】图标（此按钮盖住【描边】图标则表示填色为激活状态），在【色板】调板中单击色板，图形被填充上色，如图6-35所示。

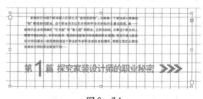

图6-34

图6-35

给文字和位图图像添加填充色的效果如图6-36和图6-37所示。

图6-36

图6-37

6.3.2 设置描边色

使用【色板】调板也可以为页面中的图形、图像和文字等对象添加描边色，起到丰富页面元素的作用。

使用【选择工具】选中需要添加描边色的图形，在【色板】调板中单击【描边】图标（此按钮盖住【填色】图标则表示描边为激活状态），在【色板】调板中单击色板，图形被填充描边，如图6-38所示。

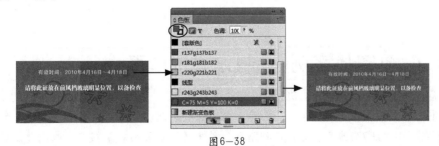

图6-38

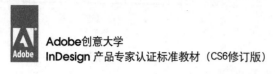

给文字添加描边色的效果如图6-39所示。

图6-39

6.3.3 给对象添加渐变色

使用【色板】调板也可以为页面中的图形和文字等对象添加渐变色，以使对象应用渐变效果。

使用【选择工具】选中需要添加颜色的图形，在【色板】调板中单击渐变色板，图形被填充渐变色，如图6-40、图6-41所示。

图6-40   图6-41

给文字添加渐变色的效果如图6-42、图6-43所示。

图6-42   图6-43

6.3.4 实战案例——制作宣传单页

01 启动InDesign CS6软件，执行【文件】>【新建】>【文档】命令，在弹出的【新建文档】对话框中设置【页数】为"1"，取消勾选【对页】选项，【宽度】和【高度】分别设置为"210毫米"和"297毫米"，如图6-44所示。单击【边距和分栏】按钮，弹出【新建边距和分栏】对话框，设置【边距】为"20毫米"，【栏数】为"1"，其他选项为默认设置，如图6-45所示。单击【确定】按钮创建文件，如图6-46所示。

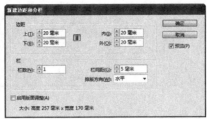

图6-44   图6-45   图6-46

02 选择工具箱中的【矩形工具】，沿着边缘线绘制一个矩形，单击工具箱中的【填色】按钮，执行【窗口】>【颜色】>【色板】命令，在面板栏中弹出【色板】面板，如图6-47所示。

03 单击【色板】面板右上角的按钮，在弹出的快捷菜单中执行【新建颜色色板】命令，弹出【新建颜色色板】对话框，在对话框中设置【颜色类型】为"印刷色"，【颜色模式】为"CMYK"，颜色数值为"C=80 M=20 Y=0 K=0"，如图6-48所示。

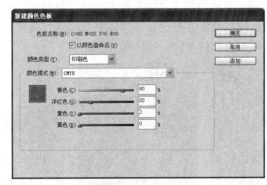

图6-47   图6-48

04 单击【确定】按钮，绘制的矩形将被填充为蓝色，如图6-49所示。

05 执行【文件】>【置入】命令，弹出对话框，置入"素材/第6章/天空.jpg"文件，按【Ctrl+Shift】组合键和鼠标左键调整图像到合适大小，选择工具箱中的【选择工具】，调整图像边框大小并将其移动到如图6-50所示的位置。

图6-49   图6-50

06 执行【对象】>【效果】命令，在弹出的【效果】对话框中设置参数，如图6-51所示，得到的图像效果如图6-52所示。

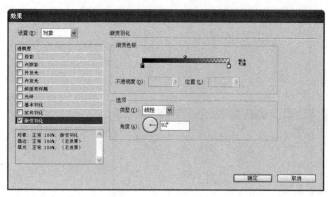

图6-51   图6-52

07 执行【文件】>【置入】命令，置入"素材/第6章/绿色希望.psd"文件，将图像移动到如图6-53所示的位置。选择工具箱中的矩形工具，在置入的图像下方按住鼠标左键创建一个矩形，在【色板】面板中设置颜色为"C=12 M=9 Y=11 K=21"，将设置好的颜色填充到创建的矩形中去，效果如图6-54所示。

08 选择工具箱中的【文字工具】，按住鼠标左键绘制一个文本框，输入文字"同在一片蓝天下"，设置【字体】为"汉仪中黑简"，【字体大小】为"40点"，使用【选择工具】移动到如图6-55所示的位置。

09 选择工具箱中的【文字工具】，按住鼠标左键绘制一个文本框，输入文字"——星河社区环境卫生保护交流会"设置【字体】为"汉仪楷体简体"，【字体大小】为"18点"，使用【选择工具】移动到如图6-56所示的位置。

图6-53   图6-54   图6-55   图6-56

10 选择工具箱中的【文字工具】，按住鼠标左键绘制一个文本框，输入文字"时间：2013年10月10日"，按【Enter】键继续输入文字"地点：星河社区居委会会议室"，设置【字体】为"汉仪中黑简"，【字体大小】为"18点"，颜色为"白色"，使用鼠标移动到如图6-57所示的位置，文件制作完成，最终效果如图6-58所示。

图6-57   图6-58

6.4 专色

颜色是设计专色重要的要素之一，很多时候专色在计算机中无法正确显示，因此只需要为每一种专门的油墨或者工艺设置一种专色，每一种专色都只能得到一张胶片。

6.4.1 认识专色

专色是一种预先混合的特殊油墨，用于替代 CMYK 印刷油墨或为其提供补充，它在印刷时需要使用专门的印版。当指定少量颜色并且颜色准确度很关键时会使用专色。专色油墨准确重现印刷色色域以外的颜色。但是，印刷专色的确切外观由印刷商所混合的油墨和所用纸张共同决定，而不是由设计时的颜色值或色彩管理决定。**当用户指定专色值时，所描述的仅是显示器和彩色打印机的颜色模拟外观（取决于这些设备的色域限制）。**

专色分为两种：一种称为印刷专色，如金色、银色、潘通色（国际标准色卡，主要应用于广告、纺织、印刷等行业）等；另一种称为工艺专色，如烫金、烫银、模切等。

6.4.2 设置专色

在开始设计专色版之前，要了解做的是什么专色，在哪里做，做成什么形状，做多大面积。只有确认好这些信息之后，才能开始设计。

（1）首先在【色板】调板中设置专色并添加到对象上，确定并绘制好需要制作专色的对象并将其选中，单击【色板】调板右侧的小黑三角按钮，在弹出的快捷菜单中选择【新建颜色色板】命令，如图6-59所示。在弹出的对话框中设置【颜色类型】为【专色】，【色板名称】可以任意命名，【颜色模式】为【CMYK】，在色值参数栏中任意设置数字，单击【确定】按钮，如图6-60所示。专色出现在色板中。选中对象，然后单击刚才设置好的专色色板为对象添加填充色。如果页面中有多个对象使用此专色，就将它们选中，然后都填充同一个专色。

图6-59

图6-60

此时必须保证【色板】调板中的色调为"100%"，【效果】调板中的不透明度为"100%"，如图6-61所示。

图6-61

（2）在【属性】调板中选中【叠印填充】或者【叠印描边】复选框，专色设置完成，如图6-62所示。

图6-62

6.5 综合案例——异形卡片

某房地产公司要对新建楼盘进行宣传，要求为该公司设计一款异形卡片，下面就来制作异形卡片。

知识要点提示

【色板】调板的使用

专色的创建与应用

操作步骤

01 执行【文件】>【新建】>【文档】命令，弹出【新建文档】对话框，在对话框中设置【页数】为"1"，【宽度】和【高度】均为"150毫米"，如图6-63所示。单击【边距和分栏】按钮，弹出【新建边距和分栏】对话框，将上、下、内、外的边距都设置为"0毫米"，如图6-64所示，单击【确定】按钮，新建的页面将出现在文档中。

图6-63

图6-64

02 执行【文件】>【置入】命令，弹出【置入】对话框，在对话框中选择"素材/第6章/楼房.psd"，如图6-65所示。单击【打开】按钮，在页面中单击，将图片置入到页面中，并将其放置到页面的合适位置，如图6-66所示。

03 使用Adobe Illustrator打开"第6章/云朵.ai"文件，并使用【选择工具】将其选中，按【Ctrl（Windows）/Command（Mac OS）+C】组合键将其复制，如图6-67所示，将工作界面切换回InDesign软件，按【Ctrl（Windows）/Command（Mac OS）+V】组合键粘贴，并将其放置到页面的合适位置，如图6-68所示。

04 执行【窗口】>【色板】命令，打开【色板】调板，在【色板】调板快捷菜单中选择【新建颜色色板】命令，在弹出的【新建颜色色板】对话框中分别设置青色、洋红色、黄色、

黑色为"0、80、100、0"，如图6-69所示，单击【确定】按钮，新建的颜色出现在【色板】
调板中，如图6-70所示。

图6—65

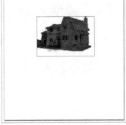

图6—66

图6—67

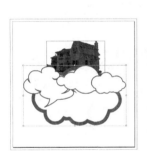

图6—68

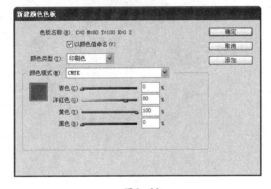

图6—69

图6—70

05 选择工具箱中的【文字工具】，在页面中输入文字"花园别墅"，将文字的【字体】
设置为"方正隶书 GBK"，【字体大小】设置为"66点"，如图6-71所示。

06 使用工具箱中的【文字工具】将文字选中，在【色板】调板中单击【填色】图标，使
其处于激活状态，如图6-72所示。

图6—71

图6—72

07 此时，在【色板】调板中单击新建的色板"C=0 M=80 Y=100 K=0"，选中的文字被填充颜色，如图6-73所示。

图6-73

08 使用【文字工具】继续在页面中输入文字，并按要求设置这些文字字体和字号，如图6-74所示。

图6-74

09 使用工具箱中的【文字工具】将文字"惊爆让利"选中，在【色板】调板中单击【填色】图标，使其处于激活状态。此时，在【色板】调板中单击新建的色板"C=0 M=80 Y=100 K=0"，选中的文字被填充颜色，如图6-75所示。

图6-75

10 使用同样的方法，将剩余的文字依次选中，并为它们填充颜色"C=0 M=80 Y=100 K=0"，如图6-76所示。

图6—76

11 在【色板】调板快捷菜单中选择【新建颜色色板】命令，弹出【新建颜色色板】对话框，在对话框中分别设置青色、洋红色、黄色、黑色的数值分别为"30、50、100、0"，如图6-77所示，单击【确定】按钮，新建的颜色出现在【色板】调板中，如图6-78所示。

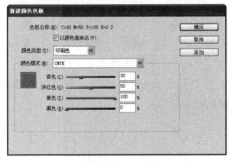

图6—77   图6—78

12 使用工具箱中的【文字工具】将文字"花园别墅"选中，在【色板】调板中单击【描边】图标，使其处于激活状态，如图6-79所示。

图6—79

13 此时，在【色板】调板中单击新建的色板"C=30 M=50 Y=100 K=0"，选中的文字被添加描边色，如图6-80所示。

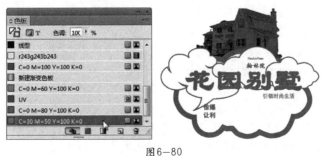

图6—80

[14] 在【色板】调板快捷菜单中选择【新建颜色色板】命令，弹出【新建颜色色板】对话框，在对话框中分别设置青色、洋红色、黄色、黑色的数值分别为"0、30、100、0"，如图6-81所示，单击【确定】按钮，新建的颜色出现在【色板】调板中，如图6-82所示。

图6-81 　　　　　　　　　　　　　　　　　図6-82

[15] 使用【文字工具】在页面中输入文字"50万元/套"，并将文字的【字体】设置为"方正小标宋 GBK"，【字体大小】设置为"24点"，如图6-83所示。

[16] 使用工具箱中的【文字工具】将文字"50万元/套"选中，在【色板】调板中单击【填色】图标，使其处于激活状态，如图6-84所示。

图6-83 　　　　　　　　　　　　　　　　　図6-84

[17] 此时，在【色板】调板中单击新建的色板"C=0 M=30 Y=100 K=0"，选中的文字被添加填充色，如图6-85所示。

[18] 使用同样的方法，在【色板】调板中为文字"50万元/套"添加描边色，描边颜色的数值为"C=0 M=80 Y=100 K=0"，如图6-86所示。

图6-85 　　　　　　　　　　　　　　　　　図6-86

[19] 选择工具箱中的【直线工具】，在页面中绘制一条水平直线，并在【色板】调板中将其描边色设置为"C=0 M=80 Y=100 K=0"，如图6-87所示。

图6—87

(20) 执行【文件】>【置入】命令，弹出【置入】对话框，在对话框中选择"素材/第6章/logo.psd"，如图6-88所示，单击【打开】按钮。在页面中单击，将图像置入文档，并使用【选择工具】将其调整至合适大小并移动至页面的合适位置，如图6-89所示。

图6—88

图6—89

(21) 在【色板】调板快捷菜单中选择【新建颜色色板】命令，弹出【新建颜色色板】对话框，在对话框中设置【颜色类型】为【专色】，【色板名称】为"模切版"，【颜色模式】为"CMYK"，设置青色、洋红色、黄色、黑色分别为"0、100、100、0"，如图6-90所示。单击【确定】按钮，新建的颜色出现在【色板】调板中，如图6-91所示。

图6—90

图6—91

(22) 使用工具箱中【钢笔工具】沿拼凑在一起的图像的边缘绘制一个封闭的路径，并使用【直接选择工具】将其选中，如图6-92所示。在【色板】调板中确认【描边】图标处于激活状态，在色板中选择新建的"模切版"，如图6-93所示。

图6—92

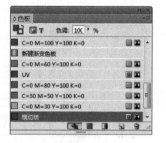

图6—93

[23] 此时，路径被添加了描边色，使用【选择工具】选中路径，如图6-94所示，执行【窗口】>【输出】>【属性】命令，打开【属性】调板，在【属性】调板中选中【叠印描边】复选框，如图6-95所示。

图6—94

图6—95

6.6 本章小结

本章主要介绍了色彩基础知识和InDesign中颜色管理的知识，通过对本章的学习可以掌握InDesign色板的新建和编辑，以及使用【色板】调板对对象添加填充色或描边色。

6.7 本章习题

选择题

（1）色彩的3个属性不包括（　　）。

　　A. 色相　　　　　　B. 明度　　　　　　C. 对比度　　　　　　D. 饱和度

（2）常见的颜色模式有3种，不包括（　　）。

　　A. RGB　　　　　　B. CMYK　　　　　　C. Lab　　　　　　D. 灰度

（3）专色分为两种，其中不包括（　　）。

　　A. 印刷专色　　　　B. 广告专色　　　　C. 工艺专色

第7章
页面设置

本章主要介绍InDesign对多页面文档的处理功能，通过对本章的学习，读者应掌握包括页面的操作、主页的应用、页码的添加、书籍的管理、目录和索引的创建等操作。

知识要点

→ 掌握页面的设置
→ 掌握主页的应用
→ 掌握页码的标注

7.1 页面和跨页

InDesign页面是文档的最基本组成部分，都是单独的页面，跨页是一组同时显示的页面，例如在打开书籍或杂志时看到的两个页面。每个 InDesign 跨页都包括自己的粘贴板，粘贴板是页面外的区域，可以在该区域存储还没有放置到页面上的对象。每个跨页的粘贴板都可提供用以容纳对象出血或扩展到页面边缘外的空间，如图7-1所示。

图 7—1

7.1.1 【页面】调板

执行【窗口】>【页面】命令，打开【页面】调板，在【页面】调板中显示文档的主页和页面的图标，通过对调板中主页和页面图标的编辑，可以直接应用到页面上，如图7-2所示。

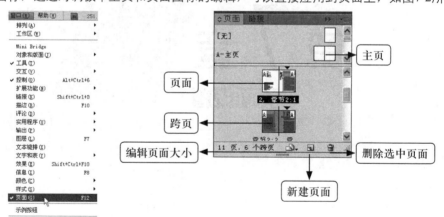

图 7—2

单击【页面】调板右侧的三角按钮，在弹出的快捷菜单中选择【面板选项】命令，弹出【面板选项】对话框，如图7-3所示。

页面：在该选项组中可以对页面的图标进行设置。

主页：在该选项组中可以对主页的图标进行设置。

面板版面：在该选项组中可以对【页面】调板中页面和主页图标的位置、区域和大小进行设置。

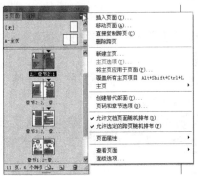
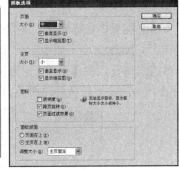

图7-3

7.1.2 选择页面和跳转到指定页面

选择页面时,可以选择单个页面,也可以选择跨页,还可以同时选中多个页面。在选择页面的同时,还可以将页面跳转到指定的页面。

1. 选择单个页面和跳转到页面

(1) 在【页面】调板中选择单个页面,在【页面】调板中的单个页面上单击,页面图标显示为蓝色,表示页面已经被选中,如图7-4所示。还可使用【页面工具】选择单个页面,选择工具箱中的【页面工具】,在文档的页面中单击鼠标左键,文档中的页面边缘显示为蓝色,表示页面已经被选中,如图7-5所示。

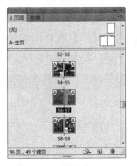

图7-4

图7-5

(2) 跳转到指定页面。在【页面】调板中双击页面图标,除了可以选中页面以外,还可以使文档中的页面跳转到该页,如图7-6所示。

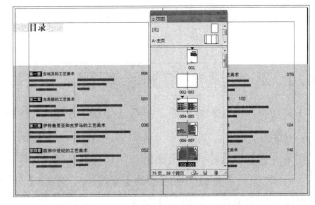

图7-6

2．选择跨页和跳转到跨页

（1）在【页面】调板中选择跨页。在【页面】调板中单击跨页图标下方的页码，跨页显示为蓝色，表示跨页已经被选中，如图7-7所示。

（2）跳转到指定跨页。在【页面】调板中双击跨页图标下方的页码，除了可以选中跨页以外，还可以使文档中的跨页跳转到该跨页，如图7-8所示。

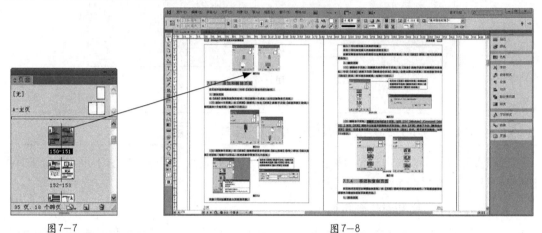

图7-7 图7-8

3．同时选中多个页面

（1）在【页面】调板中选择多个不连续的页面，在【页面】调板中按住【Ctrl（Windows）／Command（Mac OS）】键的同时单击要选中的页面，要选中的页面显示为蓝色，表示页面已经被选中，如图7-9所示。

（2）在【页面】调板中选择全部页面。在【页面】调板中按住【Shift】键单击第一个页面，然后单击最后一个页面，所有页面显示为蓝色，表示所有页面已经被选中，如图7-10所示。

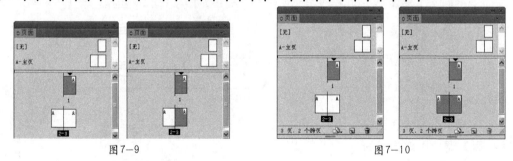

图7-9 图7-10

7.1.3 添加和删除页面

在文档中添加或删除页面，可在【页面】调板中进行操作。

1．添加页面

在【页面】调板中添加页面时，可以添加一个页面，还可以添加多个页面。

（1）添加一个页面。在【页面】调板中，单击【页面】调板下方的【新建页面】按钮，即可添加一个新页面，如图7-11所示。

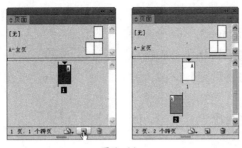

图7—11

（2）添加多个页面。在【页面】调板快捷菜单中选择【插入页面】命令，弹出【插入页面】对话框，如图7-12所示。在对话框中有如下几个选项。

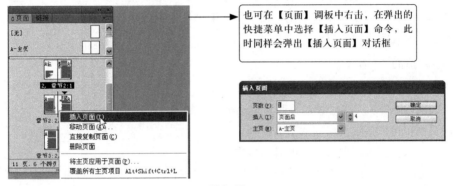

也可在【页面】调板中右击，在弹出的快捷菜单中选择【插入页面】命令，此时同样会弹出【插入页面】对话框

图7—12

页数：可以设置要插入页面的页数。

插入：可以指定插入页面的位置。

主页：可以指定插入页面所应用的主页。

设置完需要添加页面的数值以及需要添加到的位置后，单击【确定】按钮，便可完成页面的添加。

2．删除页面

（1）删除单个页面。要删除文档中的单个页面，在【页面】调板中选中要删除的页面图标，单击【页面】调板下方的【删除选中页面】按钮，会弹出提示对话框，在对话框中单击【确定】按钮，即可将页面删除，如图7-13所示。

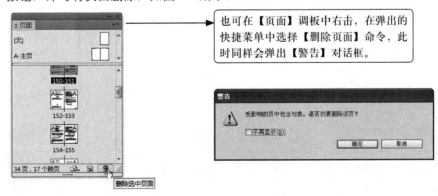

也可在【页面】调板中右击，在弹出的快捷菜单中选择【删除页面】命令，此时同样会弹出【警告】对话框。

图7—13

（2）删除多个页面。要删除文档中的多个页面，按住【Ctrl（Windows）／Command（Mac OS）】键在【页面】调板中分别选中要删除的页面图标，单击【页面】调板下方的【删除选中页面】按钮，同样会弹出提示对话框，在对话框中单击【确定】按钮，即可将页面删除，如图7-14所示。

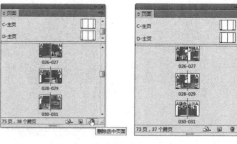

图7-14

7.1.4 移动和复制页面

在文档中页面可以被移动和复制，在【页面】调板中可以进行相关操作。下面通过操作来详细学习移动和复制页面的方法。

1．移动页面

要移动页面，可以在【页面】调板快捷菜单中选择【移动页面】命令，弹出【移动页面】对话框，如图7-15所示。在【移动页面】对话框中有如下几个选项。

移动页面：可以指定要移动的页面。

目标：可以指定页面要移动到的具体位置。

移至：可以指定页面要移动到的文档，可以移动到当前文档，也可以将页面移动至其他文档。

图7-15

设置完需要移动的页面以及需要移动到的位置后，单击【确定】按钮，便可完成页面的移动。

2．复制页面

（1）复制单个页面。在【页面】调板中选中要复制的页面，在【页面】调板快捷菜单中选择【直接复制页面】命令，页面将直接被复制，如图7-16所示。

（2）复制跨页。在【页面】调板中选中要复制的跨页，在【页面】调板快捷菜单中选择【直接复制跨页】命令，跨页将直接被复制，如图7-17所示。

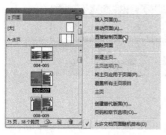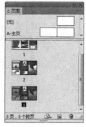

图7-16　　　　　　　　　　　　　　　　　图7-17

7.1.5 允许文档页面随机排布

在默认情况下，删除【页面】调板中的一个页面，下一个页面会代替它的位置。如在【页面】调板中删除第一页，原来的第二页会变成第一页的位置，后面的页面依次往前移动，如图7-18所示。

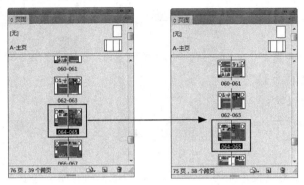

图7-18

在【页面】调板中右击，在弹出的快捷菜单中取消选中【允许文档页面随机排布】命令，如图7-19所示。

此时，在【页面】调板中删除第一页，原来的页面的位置将不会改变，如图7-20所示。

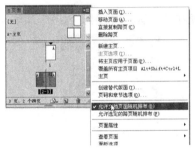

图7-19

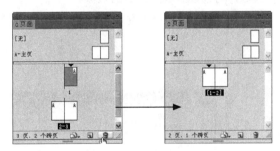

图7-20

7.2 主页

主页类似于一个可以快速应用到许多页面的背景。主页上的对象将显示在应用该主页的所有页面上。显示在文档页面中的主页项目的周围带有点线边框。对主页进行的更改将自动应用到关联的页面。主页通常包含重复的徽标、页码、页眉和页脚。主页还可以包含空的文本框架或图形框架，以作为文档页面上的占位符。主页项目在文档页面上无法被选定，除非该主页项目被覆盖。

主页可以具有多个图层，就像文档中的页面一样。单个图层上的对象在该图层内有自己的排列顺序。主页图层上的对象将显示在文档页面中同一图层的对象之后。

如果要使主页项目显示在文档页面上的对象之前，可为主页上的对象指定一个更高的图层。较高图层上的主页项目会显示在较低图层上的所有对象之前。合并所有图层会将主页项目移动到文档页面对象之后。

7.2.1 / 创建主页

　　【页面】调板分为两个部分，上面的部分为主页，下面的部分为文档的页面，每个新建的文档都会有两个默认的主页，一个是名为【无】的空白主页，应用此主页的页面将不含有任何主页元素。另一个是默认的【A-主页】，该主页可以根据需要对其进行更改，其页面上的内容自动出现在各个工作页面上，如图7-21所示。

　　如果还需要新的主页，则需自行创建，在【页面】调板快捷菜单中选择【新建主页】命令，如图7-22所示。

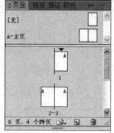

图7-21　　　　　　　　　　　　　图7-22

　　弹出【新建主页】对话框，如图7-23所示，在对话框中有如下选项。

　　前缀：可以输入随意的字符，在新建的主页前会出现该字符，以区分各个主页。

　　名称：可以设置主页的名称。

　　基于主页：可以在其下拉列表框中选择要基于的主页，可以在基于的主页样式上创建新主页。

　　页数：可以设置创建主页的页数。

　　设置完选项后，单击【确定】按钮，新建的主页会出现在【页面】调板中，如图7-24所示。

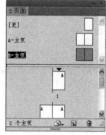

图7-23　　　　　　　　　　　　　图7-24

7.2.2 / 删除主页

　　在【页面】调板中单击要删除主页的名称，将主页选中，单击调板下方的【删除选中页面】按钮，即可将主页删除，如图7-25所示。

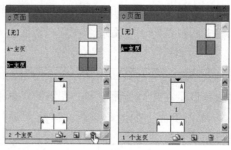

图7-25

7.2.3 / 应用主页

将主页应用于页面，主页上的元素会出现在页面当中，如页眉和页脚。在【页面】调板中选中要应用的主页，在调板快捷菜单中选择【将主页应用于页面】命令，如图7-26所示。

弹出【应用主页】对话框，在对话框中选择要应用的主页以及应用主页的页面，设置完毕后，如图7-27所示，单击【确定】按钮，即可将主页应用于页面。

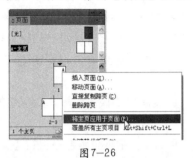

图7-26

图7-27

> **小知识**
>
> 新建的文档中有一个默认的【A-主页】，文档中的页面会自动应用【A-主页】。

7.3 页码

页码是书的每一页面上标明次序的号码或其他数字，用以统计书籍的页数，便于读者检索。InDesign文档可为其添加页码。

单个 InDesign 文档最多可以包含 9999 个页面，默认情况下，第一页是页码为 1 的右页面。页码为奇数的页面始终显示在右侧。

7.3.1 / 页码和章节选项

在文档中可以设置页码的编号和制定不同页面的页码。执行【版面】>【页码和章节选项】命令或在【页面】调板快捷菜单中选择【页码和章节选项】命令，弹出【新建章节】对话框，如图7-28所示。

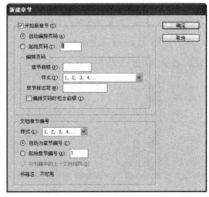

图7-28

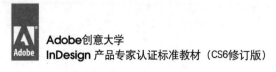
对话框中的选项说明如下。

自动编排页码：如果要让当前章节的页码跟随前一章节的页码，则选择此单选按钮。当在页面前面添加页码时，文档或章节中的页码将自动更新。

起始页码：输入文档或当前章节第一页的起始页码。例如，如果要重新开始对章节进行编号，输入 1。则该章节中的其余页面将相应进行重新编号。

注意：如果选择非阿拉伯页码样式（如罗马数字），仍需要在此文本框中输入阿拉伯数字。

章节前缀：为章节输入一个标签。包括要在前缀和页码之间显示的空格或标点符号（例如 A–16 或 A 16）。前缀的长度不应大于8个字符，不能为空，并且也不能通过按空格键输入一个空格，而是要从文档窗口中复制和粘贴一个空格字符。注意，加号（+）或逗号（,）符号不能用在章节前缀中。

样式（页码）：从下拉列表中选择一种页码样式。该页码样式仅应用于本章节中的所有页面。

章节标志符：输入一个标签，InDesign 会将其插入到页面中，插入位置会在执行【文字】>【插入特殊字符】>【标志符】>【章节标志符】命令时显示章节标志符字符的位置。

编排页码时包含前缀：如果要想在生成目录、索引时或在打印包含自动页码的页面时显示章节前缀，就要选中此复选框。取消选中此复选框，将在 InDesign 中显示章节前缀，但在打印的文档、索引和目录中隐藏该前缀。

7.3.2 实战案例——设置页码

01 执行【文件】>【打开】命令，在弹出的【打开文件】对话框中选择"第7章/素材/设置页码.indd"文件。执行【窗口】>【页面】命令，在弹出的【页面】调板中双击【A-主页】选项，将编辑目标切换到【A-主页】；使用【文字工具】在左侧页面的左下角绘制一个文本框，如图7-29所示。

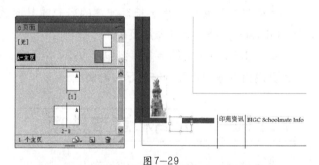

图7-29

02 执行【文字】>【插入特殊字符】>【标志符】>【当前页码】命令，在文本框中会自动插入页码符，如图7-30所示。

03 在右侧页面执行相同的操作，如图7-31所示。

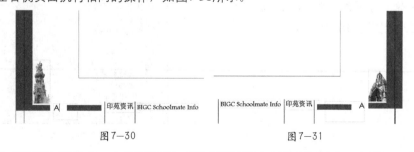

图7-30　　　　　　　　　　　　图7-31

04 在【页面】调板中双击普通页面，可以看到页码出现在页面上，如图7-32所示。

图 7-32

7.4 书籍

书籍文件是一个可以共享样式、色板、主页及其他项目的文档集。可以按顺序给编入书籍的文档中的页面编号、打印书籍中选定的文档或者将它们导出为 PDF。一个文档可以隶属于多个书籍文件。

7.4.1 创建书籍

书籍功能可以把多个单独的InDesign文档合并为一个书籍文档，但合并后的书籍文档仍然独立存在并可独立修改。

1. 新建书籍

创建书籍的方法和创建文档的方法类似，执行【文件】>【新建】>【书籍】命令，弹出【新建书籍】对话框，选择新建书籍要存储的路径，如图7-33所示。

单击【确定】按钮，文档中出现【书籍】调板，如图7-34所示。

图 7-33

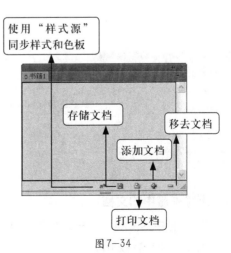

图 7-34

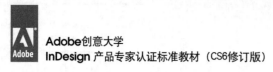
2．向书籍文件中添加文档

单击【书籍】
调板底部的【添加文
档】按钮 ✚，弹出
【添加文档】对话
框，在对话框中选择
要添加的文件，如图
7-35所示。单击【打
开】按钮，文档出现
在【书籍】调板中，
如图7-36所示。

图7—35　　　　　　　　　　　　　　图7—36

7.4.2 管理书籍

每个打开的文档均显示在【书籍】调板各自的选项卡中。如果同时打开了多本书籍，切换
到某个选项卡可将对应的书籍调至前面，从而访问其调板快捷菜单。

【书籍】调板中的图标表明文档当前的状态，例如【打开】📖、【缺失】❓（文档被移
动、重命名或删除）、【已修改】⚠（书籍关闭后文档被编辑或文档的页码或章节编号发生
更改）或【正在使用】🔒（比如其他人打开了该文档）。关闭的文档旁边不会显示图标。

1．存储书籍

创建书籍完毕之后，需要将书籍存储，在【书籍】调板快捷菜单中选择【将书籍存储为】
命令，如图7-37所示。弹出【将书籍存储为】对话框，选择要存储的路径，如图7-38所示。
单击【保存】按钮，书籍存储完毕。

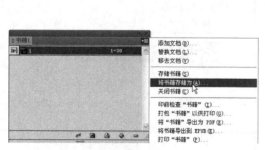

图7—37　　　　　　　　　　　　　　图7—38

2．删除书籍中的文档

要删除书籍中的文档，则先选中该文档，单击【书籍】调板下方的【移去文档】按钮，
如图7-39所示，文档将被删除。

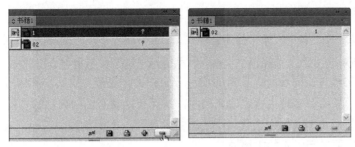

图7—39

> **提示**
>
> 删除书籍文件中的文档时，不会删除磁盘上的文件，而只会将该文档从书籍文件中删除。

3．替换书籍中的文档

要替换书籍中的文档，首先选中要被替换掉的文档。选择【书籍】调板快捷菜单中的【替换文档】命令，如图7-40所示。

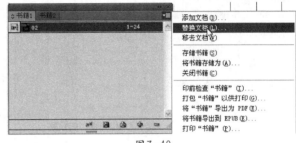

图7—40

在弹出的【替换文档】对话框中，选择新文件，如图7-41所示。单击【打开】按钮，文档将被替换，如图7-42所示。

图7—41

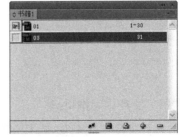

图7—42

7.4.3 / 编辑书籍

书籍功能还可以对书籍中的文档进行编辑，如编排页面和同步文档等。

1. 同步文档

添加到书籍文件中的其中一个文档便是样式源。默认情况下，样式源是书籍中的第一个文档，但可以随时选择新的样式源，选择哪个文件为样式源后，哪个文档前将会出现样式源标识 ⊞。

对书籍中的文档进行同步时，指定的项目（如样式、变量、主页、陷印预设、编号列表及色板）将从样式源复制到书籍中指定的文档中，从而替换具有相同名称的任何项目。

如果在要进行同步的文档中未找到样式源中的项目，则需要添加它们。未包含在样式源中的项目则仍保留在要进行同步的文档中。

设置同步文档的操作步骤如下：

（1）确认一个文档为样式源，样式源标识 ⊞ 出现在该文档前面。选择【书籍】调板快捷菜单中的【同步选项】命令，如图7-43所示。

（2）在弹出的【同步选项】对话框中设置相应同步选项的样式，如图7-44所示。

图7-43

图7-44

（3）设置完毕后，单击【确定】按钮，关闭对话框，然后选择除样式源以外的其他文档，单击【书籍】调板底部的【使用"样式源"同步样式和色板】按钮 ⊞，如图7-45所示。

（4）InDesign将自动处理文件，处理文件完成后，弹出提示对话框，如图7-46所示。单击【确定】按钮后，同步文档设置完毕。

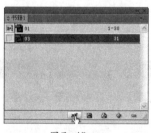

图7-45

图7-46

2. 在书籍文档中编排页码

在【书籍】调板中，页码的范围出现在各个文档的后面。页码的顺序可以随着【书籍】调板中文档顺序的改变而调整。也可以根据要求从某个页面设置起始页码。选择【书籍】调板快捷菜单中的【书籍页码选项】命令，如图7-47所示。

在弹出的【书籍页码选项】对话框中，可以设置页面顺序，如图7-48所示。单击【打开】按钮，文档将被替换。

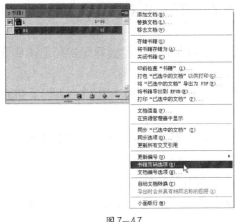

图7-47

图7-48

3．书籍文档其他功能

【书籍】调板快捷菜单中还有其他功能，印前检查书籍、文档信息、将选中的文档导出为PDF、打印已选中的文档等。

7.5 目录

InDesign可以为文档或书籍生成目录。目录中可以列出书籍、杂志或其他出版物的内容，可以显示插图列表、广告商或摄影人员名单，也可以包含有助于读者在文档或书籍文件中查找信息的其他信息。一个文档可以包含多个目录，例如章节列表和插图列表。

每个目录都是一篇由标题和条目列表（按页码或字母顺序排序）组成的独立文章。条目（包括页码）直接从文档内容中提取，并可以随时更新，甚至可以跨越同一书籍文件中的多个文档进行该操作。

7.5.1 创建目录

创建目录的过程需要3个主要步骤。首先，创建并应用要作为目录基础的段落样式。其次，指定要在目录中使用哪些样式以及如何设置目录的格式。最后，将目录排入文档中。

目录条目会自动添加到【书签】调板中，以便导出在 Adobe PDF 的文档中使用。

如果要为单篇文档创建目录，可能需要在文档开头添加一个新页面。执行【版面】>【目录】命令，弹出【目录】对话框，如图7-49所示。

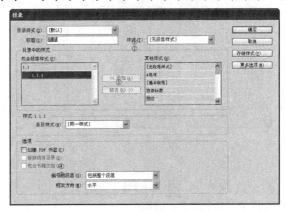

图7-49

①如果已经为目录定义了具有适当设置的目录样式，则可以从【目录样式】下拉列表框中选择该样式。

②在【标题】文本框中，输入目录标题（如目录或插图列表）。此标题将显示在目录顶部。要设置标题的格式，从【样式】下拉列表框中选择一个样式。

③确定要在目录中包括哪些内容，可通过双击【其他样式】列表框中的段落样式，以将其添加到【包括段落样式】列表框中来实现。

④选中【替换现有目录】复选框，替换文档中所有现有的目录文章。如果想生成新的目录（如插图列表），则取消选中此复选框。

⑤选中【包含书籍文档】复选框，为书籍列表中的所有文档创建一个目录，然后重编该书的页码。如果只想为当前文档生成目录，则取消选中此复选框（如果当前文档不是书籍文件的组成部分，此复选框将变灰）。

7.5.2 目录样式

如果需要在文档或书籍中创建不同的目录，或者想在另一个文档中使用相同的目录格式，则可为每种类型的目录创建一种目录样式。例如，可以将一个目录样式用于内容列表，将另一个目录样式用于广告商、插图或摄影人员列表。

要设置目录样式，执行【版面】>【目录样式】命令，弹出【目录样式】对话框，如图7-50所示。

单击【新建】按钮，弹出【新建目录样式】对话框。 为要创建的目录样式输入一个名称，在【标题】文本框中，输入目录标题（如目录或插图列表）。此标题将显示在目录顶部。要指定标题样式，从【样式】下拉列表框中选择一个样式。 从【其他样式】列表框中，选择与目录中所含内容相符的段落样式，然后单击【添加】按钮，将其添加到【包含段落样式】列表框中。设置【选项】选项组中的选项，以确定如何设置各个段落样式的格式，如图7-51所示。

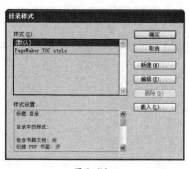

图7-50

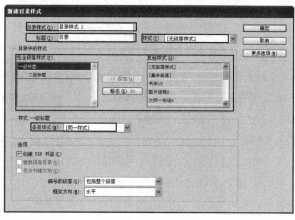

图7-51

7.5.3 更新目录

目录相当于文档内容的缩影。如果文档中的页码发生变化，或者对标题与目录条目关联的其他元素进行了编辑，则需要重新生成目录以便进行更新。

如果要更改目录条目时，应该编辑所涉及的单篇文档或编入书籍的多篇文档，而不是编辑目录文章本身。如果要更改应用于目录标题、条目或页码的格式，应该编辑与这些元素关联的段落或字符样式。如果要更改页面的编号方式（例如，1、2、3 或 i、ii、iii），应该更改文档或书籍中的章节页码。如果要指定新标题，或是在目录中使用其他段落样式，或是对目录条目的样式进行进一步设置，应该编辑目录样式。

所有更改完毕之后，执行【版面】>【更新目录】命令，即可完成对目录的更新。

7.5.4 / 编辑目录

如果需要编辑目录，则应编辑文档中的实际段落（而不是目录文章），然后生成一个新目录。如果编辑目录文章，则会在生成新目录时丢失修订内容。出于相同的原因，应当对用来设置目录条目格式的样式进行编辑，而不是直接设置目录的格式。

7.6　图层

每个文档都至少包含一个已命名的图层。通过使用多个图层，可以创建和编辑文档中的特定区域或各种内容，而不会影响其他区域或其他种类的内容。例如，**如果文档因包含了许多大型图形而打印速度缓慢，就可以为文档中的文本单独使用一个图层**；这样，在需要对文本进行校对时，就可以隐藏所有其他的图层，快速地仅将文本图层打印出来进行校对。

可以将图层想象为层层叠加在一起的透明纸。如果图层上没有对象，就可以透过它看到它后面的图层上的任何对象。

7.6.1 / 创建图层

在文档中执行【窗口】>【图层】命令，打开【图层】调板，在【图层】调板中包含一个默认的"图层1"。单击【图层】调板下方的【创建新图层】按钮，即可在调板中创建一个新的图层，如图7-52所示。

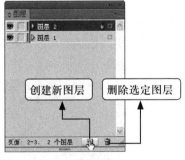

图7-52

另一种新建图层的方法是在【图层】调板快捷菜单中选择【新建图层】命令，弹出【新建图层】对话框，在对话框中包含多个选项，如图7-53所示。

图7-53

颜色：指定颜色以标识该图层上的对象。

显示图层：选中此复选框使图层可见。选中此复选框与在【图层】调板中使眼睛图标可见的效果相同。

显示参考线：选中此复选框可以使图层上的参考线可见。如果没有为图层选中此复选框，即使通过为文档执行【视图】>【显示参考线】命令，参考线也不可见。

锁定图层：选中此复选框可以防止对图层上的任何对象进行更改。选中此复选框与在【图层】调板中使交叉铅笔图标可见的效果相同。

锁定参考线：选中此复选框可以防止对图层上的所有标尺参考线进行更改。

打印图层：选中此复选框可允许图层被打印。当打印或导出至 PDF 时，可以决定是否打印隐藏图层和非打印图层。

图层隐藏时禁止文本绕排：在图层处于隐藏状态并且该图层包含应用了文本绕排的文本时，如果要使其他图层上的文本正常排列，需选中此复选框。

设置完毕之后，单击【确定】按钮，新建的图层便会出现在【图层】调板上。

> **小知识**
>
> 这些选项在图层创建后也可以进行修改，在图层上双击，便可弹出【图层选项】对话框，在对话框中可以对各个选项进行修改。

7.6.2 复制图层

复制图层时，将复制其内容和设置。在【图层】调板中，复制图层将显示在原图层上方。与图层中其他框架串接的任何复制框架仍保持串接状态。如果复制框架的原始框架与其他图层上的框架串接，则复制框架将不再与这些框架串接。

在【图层】调板中单击要复制的图层将其选中，在图层上按住鼠标左键不放将图层拖动到【创建新图层】按钮上，如图7-54所示。松开鼠标左键，便可将图层复制。或者在【图层】调板快捷菜单中选择【复制图层】命令，如图7-55所示，也可将图层复制。

 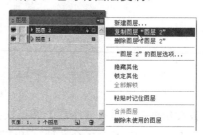

图7-54 　　　　　　　　　　图7-55

7.6.3 更改图层顺序

可以通过在【图层】调板中重新排列图层来更改图层在文档中的排列顺序。重新排列图层

将更改每个页面上的图层顺序，而不只是更
改目标跨页上的图层顺序。还可以通过重新
定位图层内的对象，更改图层内对象的堆叠
顺序。

在【图层】调板中选中要更改顺序的
图层，在该图层上按住鼠标左键不放，将其
拖动至想要调整的位置，如图7-56所示。此
时，松开鼠标左键，图层的顺序即被更改，
如图7-57所示。

图7-56

图7-57

7.6.4 显示或隐藏图层和对象

在【图层】调板中可以随时隐藏或显示任何图层，也可以随时隐藏或显示图层上的对象。
一旦隐藏了图层和对象，这些图层和对象将无法被编辑，也无法显示在屏幕上，同时在打印时
也不会显示出来。当要执行下列任一操作时，隐藏图层可能很有用。

如果要一次隐藏或显示一个图层，可以
在【图层】调板中单击图层名称最左侧的方
块，以隐藏或显示该图层的眼睛图标，如图
7-58所示。

如果要显示或隐藏图层中的各个对象，
单击向右三角形按钮以查看图层中的所有对
象，然后单击眼睛图标以显示或隐藏该对
象，如图7-59所示。

图7-58

图7-59

要隐藏除选定图层之外的所有图层，或隐藏图层上除选定对象之外的所有对象，在【图
层】调板快捷菜单中选择【隐藏其他】命令，如图7-60所示。

要显示所有图层，在【图层】调板快捷菜单中选择【显示全部图层】命令，如图7-61所示。

图7-60

图7-61

7.6.5 将图层设置为非打印图层

要将图层设置为非打印图层，在【图层】调板快捷菜单中选择【图层选项】命令，如图7-62所示。弹出【图层选项】对话框，在对话框中取消选中【打印图层】复选框，如图7-63所示，单击【确定】按钮即可。

 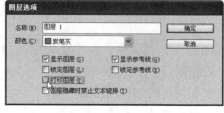

图7-62   图7-63

7.6.6 锁定或解锁图层

就防止对图层的意外更改而言，锁定很有用。**在【图层】调板中，锁定的图层会显示一个交叉铅笔图标。锁定**图层上的对象不能被直接选定或编辑；但是，如果锁定图层上的对象具有可以间接编辑的属性，这些属性将被更改。例如，编辑色调色板，则锁定图层上使用该色调色板的对象将反映这一变化。与此类似，将一系列串接文本框架同时放在锁定和解锁的图层上将不会防止锁定图层上的文本重排。

如果每次锁定或解锁一个图层，在【图层】调板中，单击左数第二栏中的方块以显示（锁定）或隐藏（解锁）该图层，如图7-64所示。

图7-64

要锁定除目标图层外的所有图层，在【图层】调板快捷菜单中选择【锁定其他】命令，如图7-65所示。要解锁所有图层，选择【图层】调板快捷菜单中的【解锁全部图层】命令，如图7-66所示。

图7-65   图7-66

7.6.7 删除图层

在删除图层之前，考虑首先隐藏其他所有图层，然后转到文档的各页，以确认删除其余对象是安全的。

删除单个图层时，在【图层】调板中选中要删除的图层，将图层从【图层】调板中拖动到调板下方的【删除选定图层】按钮上，如图7-67所示；或在【图层】调板快捷菜单中选择【删除图层】命令，如图7-68所示。

图7—67 　　　　　　　　　　图7—68

要删除多个图层，按住【Ctrl（Windows）／Command（Mac OS）】键的同时在【图层】调板中单击要删除的图层以将其选中，然后将这些图层拖到【删除选定图层】按钮上，即可将选中的所有图层删除，如图7-69所示；或者在选中图层之后，在【图层】调板快捷菜单中选择【删除图层】命令，如图7-70所示。

图7—69 　　　　　　　　　　图7—70

要删除所有未使用的图层，在【图层】调板快捷菜单中选择【删除未使用的图层】命令，即可将文档中没有使用的图层删除，如图7-71所示。

要删除图层上的某个对象，在【图层】调板中选中该对象，然后单击【图层】调板下方的【删除选定图层】按钮，即可将该对象删除，如图7-72所示。

图7—71 　　　　　　　　　　图7—72

7.7 综合案例——设计制作新年日历

📹 **知识要点提示**

【页面】调板的使用

📂 **操作步骤**

01 执行【文件】>【新建】>【文档】命令，弹出【新建文档】对话框，在对话框中设置【页数】为"3"，【宽度】和【高度】分别为"210毫米"和"297毫米"，如图7-73所示。单击【边距和分栏】按钮，弹出【新建边距和分栏】对话框，将上、下、内、外的边距都设置为"5毫米"，设置【栏数】为"1"，单击【确定】按钮，如图7-74所示。

图7-73

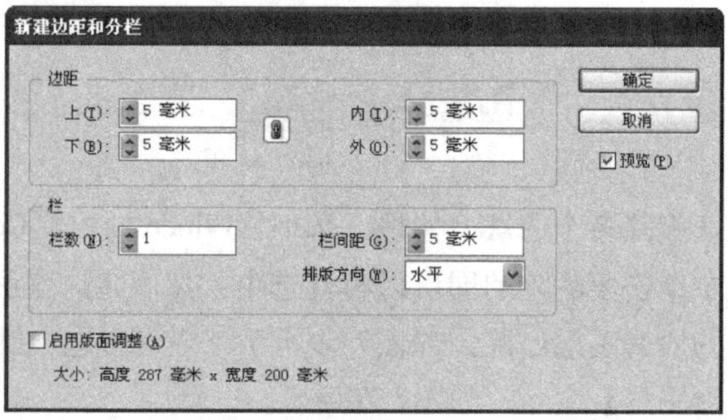

图7-74

02 单击【页面】调板右侧的小黑三角按钮，在弹出的快捷菜单中选择【新建主页】命令，对话框中的参数位置如图7-75所示。

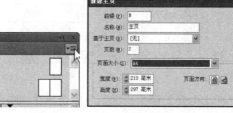

图7-75

03 双击B-主页图标，将页面切换到该主页。使用【矩形工具】绘制矩形，【宽度】为"420毫米"，【高度】为"290毫米"，填充黄色"C=0 M=0 Y=100 K=0"，并将B-主页应用到页面2-3，如图7-76所示。

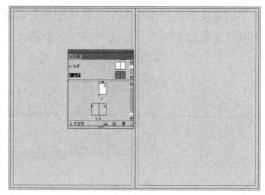

图7-76

04 使用【矩形工具】绘制矩形，填充颜色为"C=0 M=0 Y=30 K=0"，执行【对象】>
【角选项】命令，在弹出的【角选项】对话框中设置参数，效果如图7-77所示。

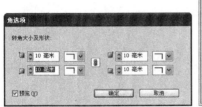

图7—77

05 使用同样的方法，制作主页的另一面，如图7-78所示。

06 双击页面2，将页面切换到页面2-1。新建图层2，执行【文件】>【置入】命令，打开
"素材/第7章/剪纸龙.ai"文件，并将图形移动到如图7-79所示的位置。

图7—78

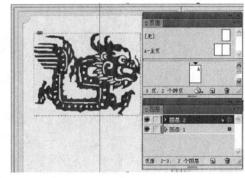

图7—79

07 选择置入的图形，按住Alt键的同时向右拖动鼠标复制该对象，执行【对象】>【变
换】>【水平翻转】命令，得到如图7-80所示的效果。

08 使用【文字工具】T拖出水平文本框，输入作为年历标题信息的文字，如图7-81所
示。并在【颜色】调色板中调整文字的颜色为"C=31 M=92 Y=76 K=1"。

图7—80

图7—81

09 选择剪纸龙图形与文本对象，按住Alt键的同时将其复制到右边页面中，如图7-82

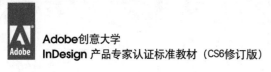

所示。

[10] 新建图层3，在页面的左上方绘制水平文本框架，执行【对象】>【框架类型】>【框架网格】命令，将其转换为框架网格，设置参数如图7-83所示。

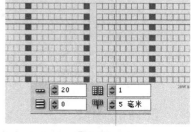

图7-82   图7-83

[11] 选择创建好的框架网格，按住Alt键进行复制，并配合【对齐】调板调整其位置，如图7-84所示。

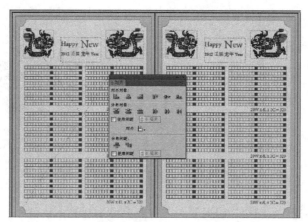

图7-84

[12] 先选择第一个框架网格的出口处单击，然后将光标移动到第二个框架处单击，串联网格。用同样的方法串联其他网格，如图7-85所示。

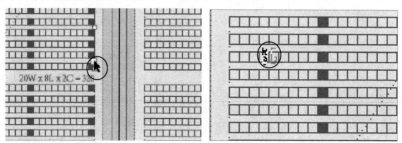

图7-85

⑬ 使用【文字工具】将光标定位在页面最上方的框架中，执行【表】>【插入表】命令，弹出【插入表】对话框来创建表格，参数设置如图7-86所示。

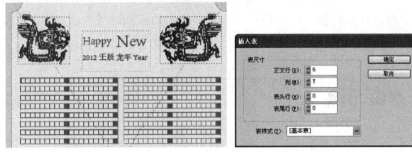

图7—86

⑭ 使用【选择工具】选取表头行单元格，执行【表】>【合并单元格】命令，效果如图7-87所示。

⑮ 执行【视图】>【网格和参考线】>【隐藏框架网格】来隐藏框架网格，使用【选择工具】调整表格行列到适合大小，输入文字，设置【对齐方式】为"居中对齐"，设置【表格对齐方式】为"上对齐"，如图7-88所示。

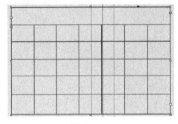

图7—87   图7—88

⑯ 使用【文字工具】输入1月份和2月份的日历。

⑰ 使用【文字工具】将光标定位在表格中，执行【表】>【选择】>【表】命令，复制表格然后将光标定位在表格后，粘贴表格并自动排版，如图7-89所示。至此，完成制作。

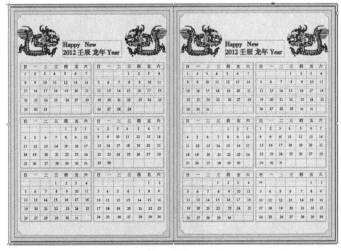

图7—89

7.8 本章小结

在制作书籍以及长文档时，页码和页面是最基本的元素。通过本章学习，使读者掌握 InDesign的页面调整功能以及添加页码的方法，对实际工作有很大的帮助。

7.9 本章习题

选择题

（1）主页可以具有（　　）图层，就像文档中的页面一样。

　　A. 多个　　　　　　　　B. 单个　　　　　　　　C. 两个

（2）在文档中可以设置页码的编号和制定不同页面的（　　）。

　　A. 编号　　　　　　　　B. 页码　　　　　　　　C. 大小

（3）在文档中页面不可以被（　　）。

　　A. 移动和复制　　　　　B. 添加和删除　　　　　C. 编组

第8章

表格

本章主要介绍在InDesign中关于表格的获取与编辑。通过对本章的学习，读者应掌握获取表格的几种方法，以及获取表格后对表格进行编辑和加工的常用菜单及选项。

知识要点

- ➡ 掌握获取表格的方法
- ➡ 掌握单元格选项的设置
- ➡ 掌握行线、列线、交替颜色修饰表格

8.1 表格基础

表是由单元格的行和列组成的。单元格类似于文本框架，可在其中添加文本、定位框架或其他表。可以在 InDesign CS6 中创建表，也可以从其他应用程序导入表，还可将文本转换为表格。

8.1.1 表格基础知识

表格简称为表，表格的种类很多，从不同角度可有多种分类方法。

（1）按其结构形式划分。表格可分为横直线表、无线表以及套线表三大类。用线作为行线和列线，而排成的表格称为横直线表，也称卡线表；不用线而以空间隔开的表格称为无线表；把表格分排在不同版面上，然后通过套印而印成的表格称为套准表。在书刊中应用最为广泛的是横直线表。

（2）按其排版方式划分。表格可分为书刊表格和零件表格两大类。书刊表格如数据、统计表以及流程表等，零件表格如工资表、记账表、考勤表等。

普通表格一般可分为表题、表头、表身和表注4个部分，各部分名称如图8-1所示。

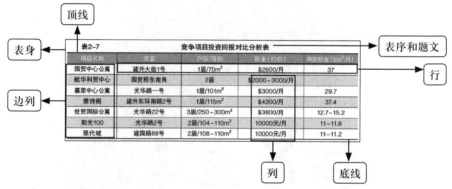

图8—1

其中，表题由表序与题文组成，一般采用与正文同字号或小1个字号的黑体字排版。

表头由各列头组成，表头文字一般用比正文小1~2个字号的字排版。

表身是表格的内容与主体，由若干行、列组成，列的内容有项目栏、数据栏及备注栏等，各栏中的文字要求采用比正文小1~2个字号的文字排版。

表注是表的说明，要求采用比表格内容小1个字号的文字排版。

表格中的横线称为行线，竖线称为列线，行线之间称为行，列线之间称为列。每行最左边一格组成的列称为（左）边列、项目栏或竖表头，即表格的第一列；列头是表头的组成部分，列头所在的行称为头行，即表格的第一行。边列与第二列的交界线称为边列线，头行与第二行的交界线称为表头线。

表格的四周边线称为表框线。表框线包括顶线、底线和墙线。顶线和底线分别位于表格的顶端和底部；墙线位于表格的左右两边。由于墙线是竖向的，故又称为竖边线。表框线应比行线和列线稍粗一些，一般为行线和列线的两倍，在原来的排版书籍中也被称为反线。在一些书籍中有些表格也可以不排墙线。

8.1.2 创建表格

在InDesign CS6中可以直接创建表格。

使用【文字工具】绘制一个文本框，将插入点放置在要显示表的位置，如图8-2所示。执行【表】>【插入表】命令，弹出【插入表】对话框。

在对话框中设置正文行中的水平单元格数以及列中的垂直单元格数，设置【正文行】为“9”，【列】为“8”，如图8-3所示。单击【确定】按钮，在文本框中就出现了新建的表格，如图8-4所示。

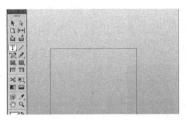

图8—2

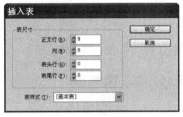

图8—3

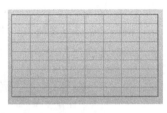

图8—4

8.1.3 导入表格

在InDesign中不但可以创建表格，而且可以使用【置入】命令导入包含表的Microsoft Word文档或导入Microsoft Excel电子表格。导入的数据是可以编辑的表。可以使用【导入选项】对话框控制格式。

执行【文件】>【置入】命令，在弹出的对话框中选择要置入的表格，如图8-5所示。单击【打开】按钮，在文档的页面中单击，表格置入到文档中，如图8-6所示。

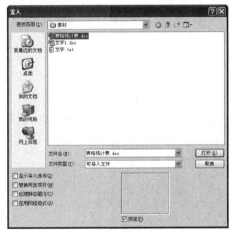

图8—5

	课程名称	学时	开课时间	课程成果
设计表现系列	素描实习	1周	大一	各类建筑画
	钢笔淡彩实习	2周	大一	
	水彩实习	2周	大二	
	快速设计与表现实习	2周	大二	
媒介技术系列	建筑测量实习	2周	大二	①完成一幅地形图的测绘任务；②掌握基本测量仪器的使用方法和数据处理方法；③能应用地形图
	计算机实习	2周	大三	①VRML文件和相关的图形文件；②项目编制过程说明；③AutoCAD或3DSMAX的工作文件
历史文化	古建测绘	|	大三	通过实地测量记录数据，绘制测绘图纸，完成实习报告
建造系列	金工实习	1周	大三	利用所学的金工知识进行节点设计和加工，完成一个牢固、舒适、实用、美观的席座装置
	工地实习	1周	大三	①调研专题报告；②各人的实习日志及实习总结
职业	建筑师	11周	大四	①在设计院绘制的图纸；②建筑师评语；

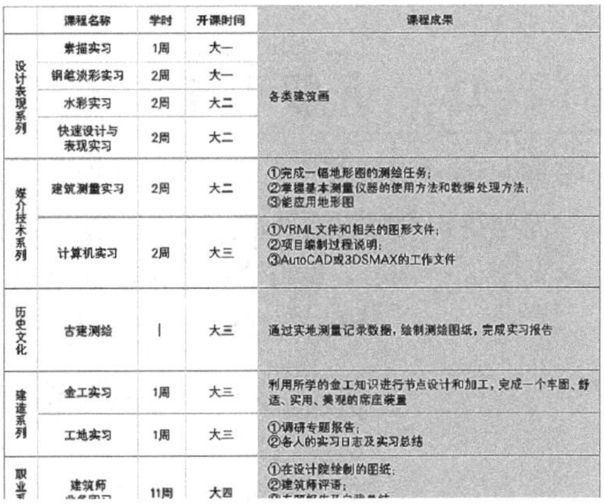

图8—6

8.1.4 文本转换为表格

将文本转换为表之前，一定要正确设置文本。要准备转换文本，可以插入制表符、逗号、

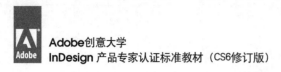
段落回车符或其他字符以分隔列或插入制表符、逗号、段落回车符或其他字符以分隔行。

将文本转换为表格，首先使用【文字工具】选择要转换为表的文本，如图8-7所示。

图8—7

执行【表】>【将文本转换为表】命令，弹出【将文本转换为表】对话框，如图8-8所示，单击【确定】按钮，将文本转换为表格，如图8-9所示。

图8—8

图8—9

8.2 编辑表格

在InDesign CS6中获取表格之后，这些表格大多是不符合排版要求和规范的，这时就需要对表格进行编辑和加工。InDesign CS6对表格编辑的功能非常强大，可以对表格的内容、表格的行数和列数、表格的颜色、表格的大小等属性进行调整，使其符合排版要求和规则。

8.2.1 选取表格

在InDesign中获取表格之后，可以轻松地选取表格中的如单元格、行和列等组成表格的元素。

单元格是构成表格的基本元素，要选择单元格，首先使用【文字工具】在要选择的单元格内单击将光标插入，执行【表】>【选择】>【单元格】命令，即可将单元格选中，如图8-10所示。

图8—10

如果使用【文字工具】将光标插入单元格内后，执行【表】>【选择】>【行】命令，即可将表的整行选中，如图8-11所示。

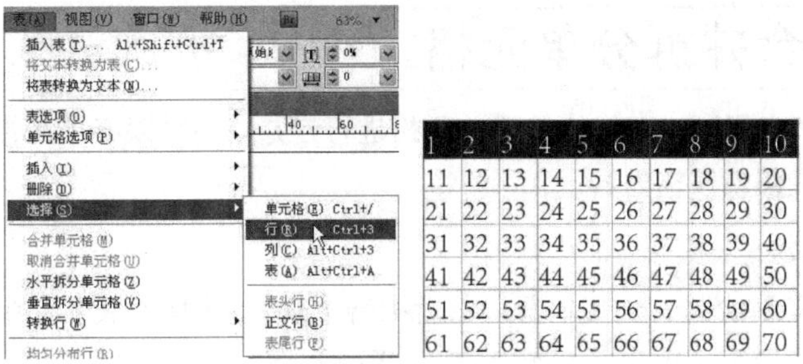

图8—11

使用同样的方法，通过执行【表】>【选择】子菜单中的命令，还可以选中列、表、表头行、正文行和表尾行。

8.2.2 插入行或列

对于创建好的表格，如果表格中的行或列不能满足使用要求，可通过相关命令自行插入行或列。

1. 插入行

选择工具箱中的【文字工具】，在需要插入行位置的下面一行或上面一行的任意单元格内单击，确定插入点，然后执行【表】>【插入】>【行】命令，弹出【插入行】对话框，如图8-12所示。在对话框中设置需要的行数和位置后单击【确定】按钮完成插入行操作，如图8-13所示。

图8—12

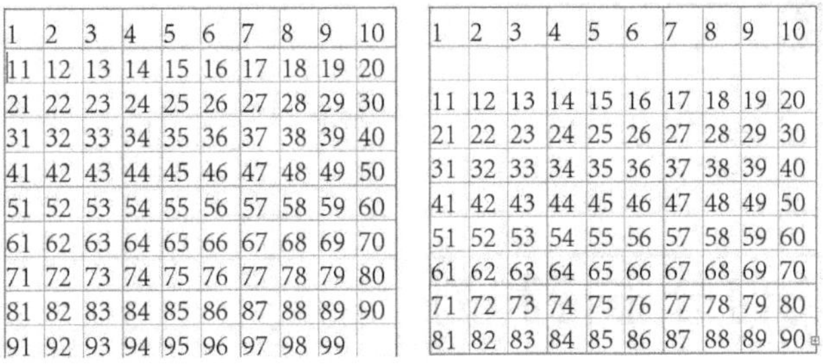

图8—13

2. 插入列

插入列的操作与插入行的操作非常相似。选择工具箱中的【文字工具】，在要插入列的左一列或右一列的任意单元格内单击，确定插入点，然后执行【表】>【插入】>【列】命令，弹出【插入列】对话框。在对话框中设置需要的列数和位置后单击【确定】按钮完成插入列操作，步骤和插入行相同。

8.2.3 / 合并拆分单元格

在InDesign CS6中可以对表格的多个单元格进行合并，还可以将单元格在水平或垂直方向上进行拆分，以方便编辑表格内容。

1. 合并单元格

使用【文字工具】绘制一个文本框，然后执行【表】>【插入表】命令，弹出【插入表】对话框，在对话框中设置【正文行】为"9"，【列】为"9"，单击【确定】按钮，如图8-14所示。

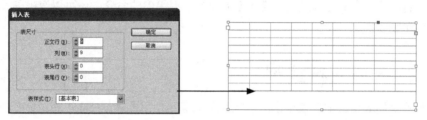

图8—14

使用【文字工具】把将要合并的单元格选中，如图8-15所示。 执行【表】>【合并单元格】命令，合并所选的单元格，如图8-16所示。

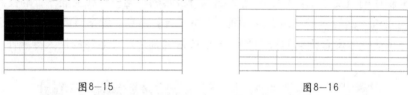

图8—15　　　　　　　　　　　　　　　　图8—16

2. 拆分单元格

选择工具箱中的【文字工具】，选中需要水平拆分的单元格，如图8-17所示。

执行【表】>【水平拆分单元格】命令，水平拆分选中的单元格，如图8-18所示。

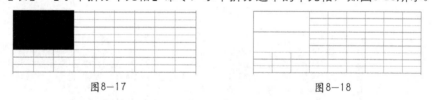

图8—17　　　　　　　　　　　　　　　　图8—18

8.2.4 / 均匀分布行和列

1. 均匀分布行

使用【文字工具】在表格中将需要统一高度的行全部选中，如图8-19所示。**执行【表】>【均匀分布行】命令**，选中的行将均匀分布行的高度，表格得到如图8-20所示的效果。

2. 均匀分布列

使用【文字工具】在表格中将需要统一宽度的列全部选中，如图8-21所示。**执行【表】>【均匀分布列】命令**，选中的列将均匀分布列的宽度，表格得到如图8-22所示的效果。

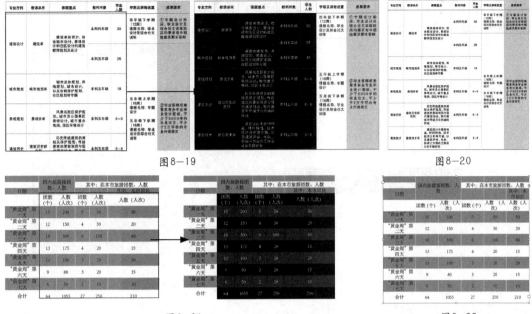

图8-19　　　　　　　　　　　图8-20

图8-21　　　　　　　　　　　　图8-22

8.2.5 单元格选项

使用表格的【单元格选项】命令可对文本、填色和描边、行和列等选项进行设置，可以使表格更加个性化，表现的形式更多样化。

1．文本

使用【文字工具】选中表格，执行【表】>【单元格选项】>【文本】命令，弹出【单元格选项】对话框。通过【文本】选项卡能设置单元格内文本的排版方向、内边距以及对齐方式，如图8-23所示。在本小节中只讲解经常用到的选项及设置。

图8-23

设置文本的操作步骤如下：

01 使用工具箱中的【文字工具】选择单元格，如图8-24所示。执行【表】>【单元格选

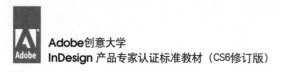
项】>【文本】命令，弹出【单元格选项】对话框，在对话框中的【排版方向】下拉文本框中选择【垂直】选项，如图8-25所示。

图8-24 　　　　　　　　　　　　　　　图8-25

02 单击【确定】按钮，所选择的单元格内的文字方向更改为垂直，如图8-26所示。使用【文字工具】将整个表格选中，如图8-27所示。

图8-26 　　　　　　　　　　　　　　　图8-27

03 执行【表】>【单元格选项】>【文本】命令，弹出【单元格选项】对话框。在对话框内将【单元格内边距】选项组中的【上】、【下】、【左】、【右】数值框中均输入"2毫米"，在【垂直对齐】选项组中的【对齐】下拉文本框中选择【上对齐】选项，如图8-28所示。单击【确定】按钮，可看到如图8-29所示的效果。

图8-28 　　　　　　　　　　　　　　　图8-29

04 使用【文字工具】将表格的内容全部选中，执行【文字】>【段落】命令，打开【段落】调板，单击【居中对齐】按钮，设置文本的效果完成，得到如图8-30所示的效果。

图8—30

> **小知识**
>
> 【单元格选项】对话框中的对齐方式和【段落】调板的对齐方式是表格中经常用到的对齐方式，在控制栏中也可以设置这两个选项，如图8-31所示。

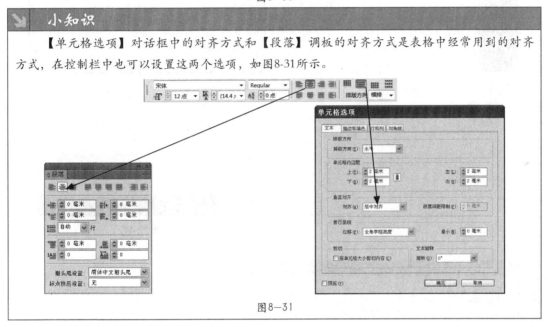

图8—31

2．描边与填色

在【单元格选项】对话框中选择【描边和填色】选项卡，在选项卡中可以设置单元格的描边粗细、类型、颜色和色调以及填色等，以下步骤继续上一个案例进行描边和填色的操作。

📁 **描边的操作步骤如下：**

01 使用工具箱中的【文字工具】，选择要进行描边的单元格，如图8-32所示。执行【表】>【单元格选项】>【描边和填色】命令，弹出【单元格选项】对话框，在单元格描边的预览图中单击中间和下面的蓝线，并将其【粗细】设置为"1毫米"，【颜色】为"C=100 M=0 Y=0 K=0"，如图8-33所示。单击【确定】按钮，可看到设置后的效果，如图8-34所示。

02 使用【文字工具】继续选择单元格，如图8-35所示。执行【表】>【单元格选项】>【描边和填色】命令，弹出【单元格选项】对话框。在单元格描边的预览图中单击上面的蓝线，并将其【粗细】设置为"1毫米"，【颜色】为"C=100 M=0 Y=0 K=0"，如图8-36所示。

03 单击【确定】按钮，可看到设置后的效果，如图8-37所示。

图8-32

图8-33

字段名称	数据类型	长度	默认值	必填字段	允许空字符串	字段描述
smallClassID						
smallClassName						
BigClassName						

图8-34

字段名称	数据类型	长度	默认值	必填字段	允许空字符串	字段描述
smallClassID						
smallClassName						
BigClassName						

图8-35

图8-36

字段名称	数据类型	长度	默认值	必填字段	允许空字符串	字段描述
smallClassID						
smallClassName						
BigClassName						

图8-37

填色的操作步骤如下：

使用【文字工具】选择需要的单元格，如图8-38所示。执行【表】>【单元格选项】>【描边和填色】命令，弹出【单元格选项】对话框。在【单元格填色】选项组中，设置【颜色】为"C=100 M=0 Y=0 K=0"，【色调】为"80%"，如图8-39所示。单击【确定】按钮，得到如图8-40所示的效果。

图8-38

字段名称	数据类型	长度	默认值	必填字段	允许空字符串	字段描述
smallClassID						
smallClassName						
BigClassName						

图8-40

图8-39

3．行和列

在【单元格选项】对话框的【行和列】选项卡中可以设置表格统一的行高或者列宽。如果在【行高】下拉列表框中选择【最少】选项，当添加文本或增加字号大小时，会增加行高；如果选择【精确】选项，当添加或删除文本时，行高不会改变。固定的行高经常会导致单元格中出现溢流。

设置最少行高的操作步骤如下：

01 继续使用上面的表格。使用【文字工具】将光标插入到任意单元格中，如图8-41所示。

02 执行【表】>【单元格选项】>【行和列】命令，弹出【单元格选项】对话框。在对话框中将【行高】设置为【最少】，然后在其右侧的数值框中输入"25毫米"，【最大值】数值框中输入"200毫米"，如图8-42所示。单击【确定】按钮，可看到设置后的效果，如图8-43所示。

03 使用【文字工具】选择第1列单元格，在【字符】调板中将【字体大小】设置为"18点"，可看到行随字号的增大而增加行高，如图8-44所示。

字段名称	数据类型	长度	默认值	必填字段	允许空字符串	字段描述
smallClassID						
smallClassName						
BigClassName						

图8-41

字段名称	数据类型	长度	默认值	必填字段	允许空字符串	字段描述
smallClassID						
smallClassName						
BigClassName						

图8-43

图8-42

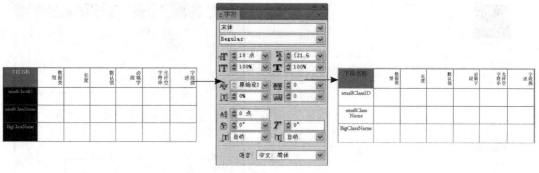

图8-44

📁 **设置精确行高的操作步骤如下：**

01 使用【文字工具】将光标插入到任意单元格中，如图8-45所示。

02 执行【表】>【单元格选项】>【行和列】命令，弹出【单元格选项】对话框。在对话框中将【行高】设置为【精确】，然后在其右侧的数值框中输入"25毫米"，【最大值】数值框中输入"200毫米"，如图8-46所示，单击【确定】按钮。

03 使用【文字工具】选择第1列单元格，设置【字体大小】为"18点"，可看到字号的变大而行高不发生改变，如图8-47所示。

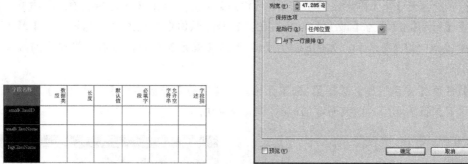

图8-45

图8-46

图8-47

4．对角线

对角线主要用于第1行第1列的单元格，是制作表格时经常使用的功能之一。

为表格添加对角线的操作步骤如下：

01 使用【文字工具】选择表格的第一个单元格，如图8-48所示。执行【表】>【单元格选项】>【对角线】命令，弹出【单元格选项】对话框。在对话框中单击第2个对角线类型按钮，其他保持默认设置，如图8-49所示。单击【确定】按钮，完成对单元格添加对角线的操作，如图8-50所示。

02 使用【文字工具】选择表格的第1个单元格，如图8-51所示。打开【段落】调板，在调板中单击【右对齐】按钮，如图8-52所示，效果如图8-53所示。

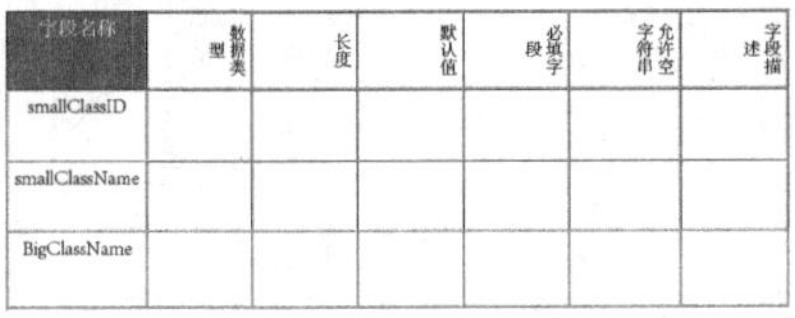

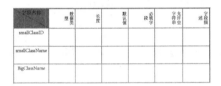

图8-48

图8-50

图8-49

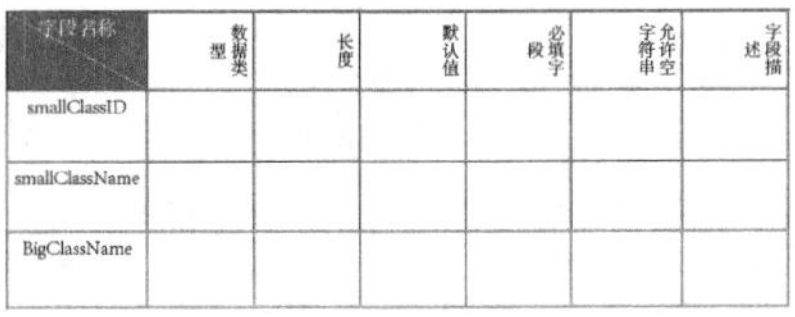

图8-51　　　　　图8-52 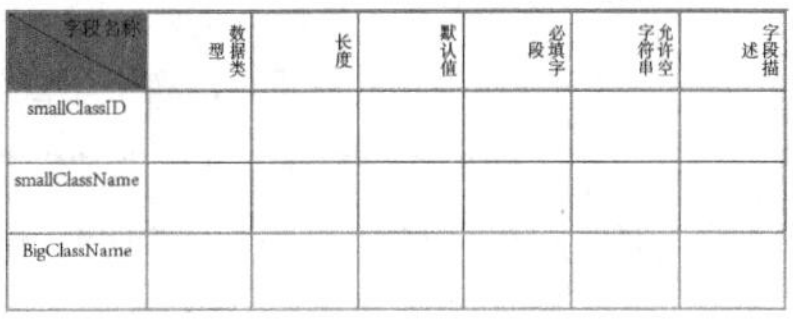　　　　　图8-53

8.2.6 表选项

使用【表选项】命令可以修饰整个表格的外观，【表选项】对话框中包括表设置、行线、列线、填色、表头和表尾等选项。

1．表设置

执行【表】>【表选项】>【表设置】命令，弹出【表选项】对话框，如图8-54所示。

（1）表尺寸：表尺寸可以用来设定表的行数和列数，其中包括【正文行】、【列】、

【表头行】和【表尾行】。

（2）表外框：表外框可以设置表格四周边框的粗细和颜色。

（3）表间距：表间距可以设置表格前面和表格的后面与文字或其他内容的距离。

2．行线

执行【表】>【表选项】>【行线】命令，弹出【表选项】对话框，如图8-55所示。

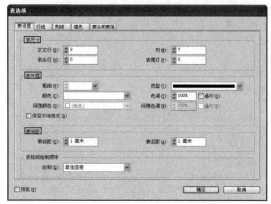
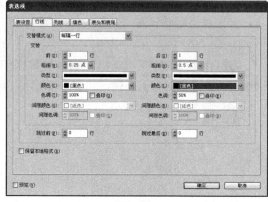

图8-54　　　　　　　　　　　　　　　　　　图8-55

使用【行线】命令可以将表格的行线设置成双线，在对话框中可以设置交替模式的类型，还可以设置交替线的状态，如起始行、终止行、间隔线的颜色、间隔线的粗细等。

3．列线

执行【表】>【表选项】>【列线】命令，弹出【表选项】对话框，如图8-56所示。列线的设置基本和行线相同。

4．交替填色

执行【表】>【表选项】>【交替填色】命令，弹出【表选项】对话框，如图8-57所示。

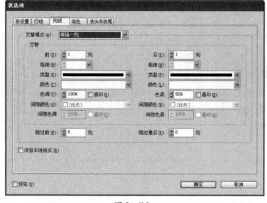
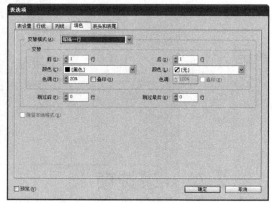

图8-56　　　　　　　　　　　　　　　　　　图8-57

在【填色】选项卡中可以设置行或列间隔填充色。在对话框中可以设置间隔的模式、间隔的行数、间隔的颜色等。

5．表头和表尾

执行【表】>【表选项】>【表头和表尾】命令，弹出【表选项】对话框，如图8-58所示。

在创建长表时，该表可能跨多个栏或多个页面，使用【表头和表尾】选项卡可以使表格拆开的部分的顶部或底部重复信息。

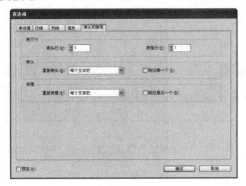

图8—58

8.2.7 / 表格转换为文本

InDesign还可以将表格转换为文本，表格行内容的末端用回车代替。

（1）使用工具箱中的【文字工具】在要转换为文字的表格中单击，执行【表】＞【选择】＞【表】命令，将表格选中，如图8-59所示。

图8—59

（2）执行【表】＞【将表转换为文本】命令，弹出【将表转换为文本】对话框，如图8-60所示。单击【确定】按钮，表格转换为文本，如图8-61所示。

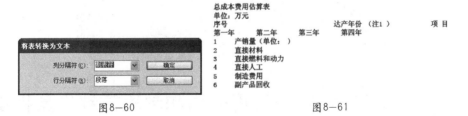

图8—60   图8—61

8.3 制表符

制表符可以将文本定位在文本框中特定的水平位置，自定义对齐文本。下面介绍【制表符】调板的功能。

8.3.1 / 制表符面板

（1）执行【文字】>【制表符】命令，打开【制表符】调板，如图8-62所示。

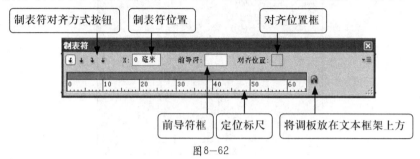

图8-62

【制表符】面板中定位文本的4种不同定位符如下：

↓ 用定位符进行左对齐文本（默认的对齐方式，最常用）。

↓ 用定位符进行中心对齐文本（常用于标题）。

↓ 用定位符进行右对齐文本。

↓ 用定位符对齐文本中的特殊符号（常用于大量的数据统计中）。

（2）定位符的度量单位可通过首选项进行更改。执行【编辑】>【首选项】>【单位和增量】命令，弹出【首选项】对话框。在【标尺单位】选项组的【水平】下拉列表框中选择【厘米】选项，【垂直】下拉列表框中选择【厘米】选项，如图8-63所示。

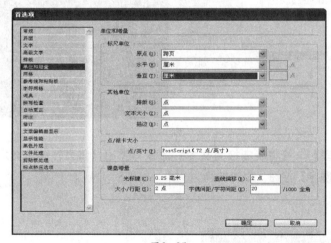

图8-63

8.3.2 / 实战案例——利用表格和制表符制作象棋棋盘

📁 操作步骤

01 执行【文件】>【新建】>【文档】命令，在弹出的对话框中保持默认设置，单击【确定】按钮，新建文档，选择【文字工具】确定一个文本框，执行【表】>【插入表】命令，弹出【插入表】对话框，其设置如图8-64所示。

02 单击【确定】按钮，效果如图8-65所示。

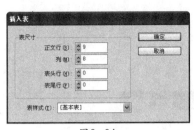

图8—64

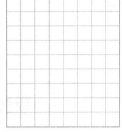

图8—65

03 选择所有表格，执行【表】>【单元格选项】>【行和列】菜单命令，弹出【单元格选项】对话框，将【行高】和【列宽】都设置为"2厘米"，如图8-66所示，单击【确定】按钮。按【Ctrl+H】键隐藏框架边缘，以防止边缘线阻碍我们视线。

图8—66

04 选择第1行第4列的单元格，执行【表】>【单元格】>【对角线】菜单命令，弹出【单元格选项】对话框，设置如图8-67所示。

图8—67

05 使用同样的方法完成剩余七个单元格的对角线设置，如图8-68所示。

06 选择第5行单元格，右键单击，选择弹出菜单中的【合并单元格】命令，如图8-69所示，效果如图8-70所示。

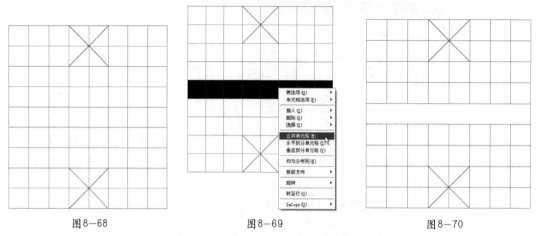

图8-68　　　　　　　　　图8-69　　　　　　　　　图8-70

07 选择工具箱中的【直线工具】，通过复制、群组、旋转、移动等操作，制作象棋"炮"和"卒"初始位置的图形，如图8-71所示。

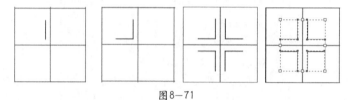

图8-71

08 将上面创建的"米"字效果复制粘贴，使用工具箱中的【选择工具】移动到相对应的位置，最终完成的"米"字图形，效果如图8-72所示。

09 选择工具箱中的【文字工具】，在表格上面绘制一个文本图形框和一个文本框，执行【文字】>【制表符】菜单命令，或者直接按【Ctrl+Shift+T】组合键，从制表符对话框中添加制表符，如图8-73所示。

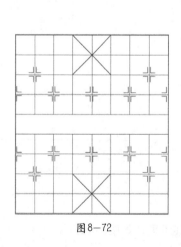

图8-72

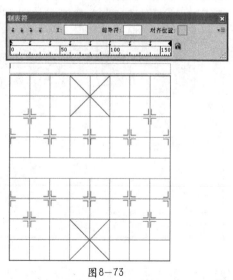

图8-73

（10）在文本框中输入"一"至"九"大写数字，在每输入一个文字后按Tab键，这样保证文字跟下面表对齐，如图8-74所示。

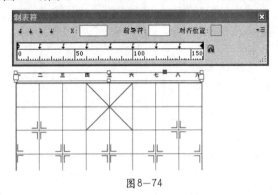

图8-74

（11）最后用工具箱中的【文字工具】输入"楚"和"汉"，设置文字的【字体】为"黑体"，设置文本颜色为"黑色"，【字体大小】为"36点"，旋转90°和-90°，在【效果】面板上设置【不透明度】为"60%"，如图8-75所示。最终效果图如图8-76所示。

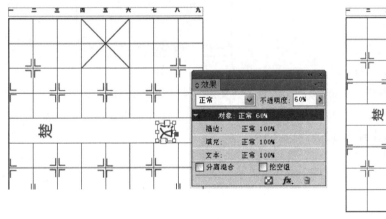

图8-75   图8-76

8.4 综合案例——企业销售单

知识要点提示

表格的创建与编辑

使用行线、列线、交替颜色修饰表格

操作步骤

（01）执行【文件】>【新建】>【文档】命令，弹出【新建文档】对话框，在对话框中将文档的【宽度】设置为"240毫米"，【高度】设置为"140毫米"，如图8-77所示。单击【边距和分栏】按钮，弹出【新建边距和分栏】对话框，在对话框中将上、下、内和外的边距分别

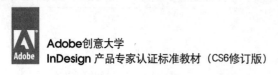
设置为"20毫米"、"20毫米"、"24毫米"和"28毫米"，如图8-78所示。

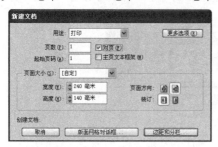

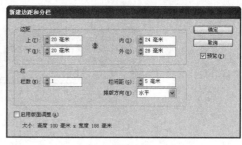

图8-77　　　　　　　　　　　　　　　　　　　图8-78

[02] 单击【确定】按钮，新建的空白页面出现在文档中，使用工具箱中的【文字工具】沿版心绘制一个文本框，如图8-79所示。绘制文本框后，光标自动插入至文本框中，此时，执行【表】>【插入表】命令，弹出【插入表】对话框，在对话框中设置【正文行】为"9"，【列】为"4"，如图8-80所示。

图8-79　　　　　　　　　　　　　　　　　　图8-80

[03] 单击【确定】按钮，将新建的表格插入到文本框中，如图8-81所示。使用工具箱中的【文字工具】放置在表格的底部，当光标变成↕形状时，按住【Shift】键并按住鼠标左键向下拖动，如图8-82所示，松开鼠标左键，表格被拉长。

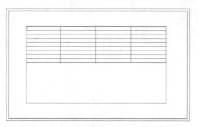

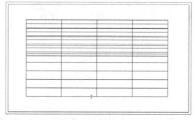

图8-81　　　　　　　　　　　　　　　　　　图8-82

[04] 使用【文字工具】选中第1行中后3个单元格，如图8-83所示，右击，在弹出的快捷菜单中选择【合并单元格】命令，选中的单元格被合并，如图8-84所示。

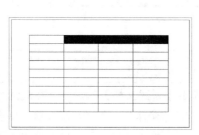

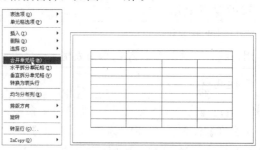

图8-83　　　　　　　　　　　　　　　　　　图8-84

05 使用【文字工具】选中第4到第6行中除去第1列的所有单元格，使用同样的方法，将单元格合并，如图8-85所示。

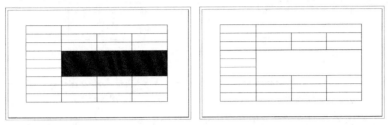

图8—85

06 使用【文字工具】选中第7、第8两行中除去第1列的所有单元格，使用同样的方法，将单元格合并，如图8-86所示。

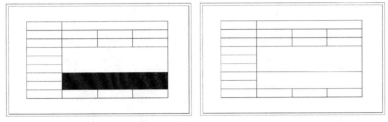

图8—86

07 使用【文字工具】选中第1列的第4到第8行的所有单元格，使用同样的方法，将单元格合并，如图8-87所示。

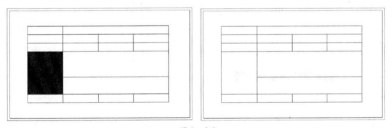

图8—87

08 选择工具箱中的【文字工具】，将光标放置在第1列右侧边缘，当光标变成◀▶形状时，按住鼠标左键向左侧拖动，调整第1列的宽度，拖动至合适位置后松开鼠标左键，第1列列宽变小，如图8-88所示。

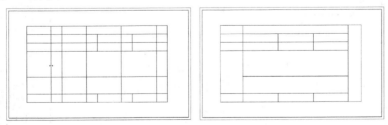

图8—88

09 将光标放置在第3列右侧边缘，当光标变成◀▶形状时，向左侧拖动鼠标，调整第3列的宽度，将其列宽缩小，如图8-89所示。使用同样的方法，将最后1列的列宽缩小，光标位置如图8-90所示。

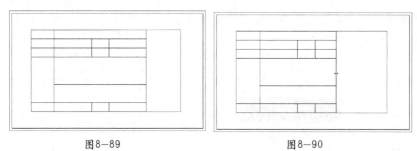

图8-89　　　　　　　　　　　　　　　图8-90

10 将光标放置在表格右侧的边线，当光标变为 ↔ 形状时，按住【Shift】键的同时按住鼠标左键向右侧拖动，将其拖动至与右边距贴齐后，松开鼠标左键，如图8-91所示。

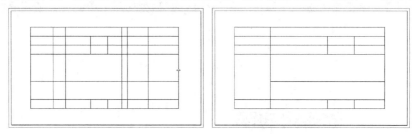

图8-91

11 使用【文字工具】选中最后1行中除去第1列的所有单元格，将选中的单元格合并，如图8-92所示。

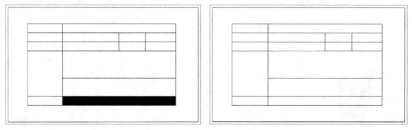

图8-92

12 在表格中和表格外输入文字，如图8-93所示。将表头的"销售单"文字的【字体】设置为"方正大标宋简体"，【字体大小】设置为"20点"，【字符间距】设置为"300"，将文字"NO："的【字体】设置为"方正黑体GBK"，【字体大小】设置为"11点"，如图8-93所示。

图8-93

（13）使用【文字工具】选中第1列第4行的文字，执行【表】>【单元格选项】>【文本】命令，弹出【单元格选项】对话框，在对话框中将【排版方向】设置为【垂直】，单击【确定】按钮，如图8-94所示。

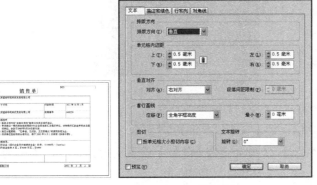

图8-94

（14）使用【文字工具】选中第1列的所有单元格，执行【表】>【单元格选项】>【文本】命令，弹出【单元格选项】对话框，在对话框中将【对齐】设置为【居中对齐】，单击【确定】按钮，如图8-95所示。

图8-95

（15）继续选中第1列的所有单元格，执行【窗口】>【文字和表】>【段落】命令，打开【段落】调板，在【段落】调板中将对齐方式设置为【居中对齐】，如图8-96所示。

图8-96

（16）执行【窗口】>【文字和表】>【字符】命令，打开【字符】调板，在【字符】调板中将文字的【字体】设置为"方正黑体GBK"，【字体大小】设置为"11点"，如图8-97所示。

图8—97

17 执行【表】>【单元格选项】>【描边和填色】命令，弹出【单元格选项】对话框，在对话框中将【单元格填色】选项组中的【颜色】设置为"黑色"，【色调】设置为"20%"，单击【确定】按钮，单元格被填色，如图8-98所示。

图8—98

18 使用【文字工具】选中除去第1列的所有单元格，执行【表】>【单元格选项】>【文本】命令，弹出【单元格选项】对话框，在对话框中将【单元格内边距】选项组中的左侧距离设置为"2毫米"，【垂直对齐】选项组中的【对齐】设置为【居中对齐】，单击【确定】按钮，如图8-99所示。

图8—99

19 使用【文字工具】选中第3列的第2行和第3行单元格,使用和设置表格第1列同样的方法,将单元格中的文字的字体设置为"方正黑体 GBK",字号设置为"11点",并将单元格的颜色设置为"黑色",色调为"20%",在【段落】调板中将对齐方式设置为【居中对齐】,如图8-100所示。

图8-100

20 执行【文件】>【置入】命令,弹出【置入】对话框,在对话框中选择"素材/第8章/logo.ai",如图8-101所示,单击【打开】按钮。

图8-101

21 在页面中单击,将图形置入,如图8-102所示,使用工具箱中的【选择工具】调整图形大小,并将其放置在文档合适位置,设计完成,效果如图8-103所示。

图8-102

图8-103

8.5 本章小结

与其他排版软件中对表格的处理功能相比，InDesign中的表格功能强大而且简便实用。本章详细介绍了InDesign制作和编辑表格的功能，包括单元格的合并与拆分、表格与文本的互相转换、单元格选项的应用、表格行线/列线的设置，以及如何使用交替颜色等。

8.6 本章习题

选择题

（1）表格按其结构形式可划分为三大类，以下不对的是（　　　）。

    A. 横直线表   B. 无线表   C. 套线表   D. 垂直线表

（2）表格的【单元格选项】命令可进行文本、填色和（　　　）、行和列以及对角线的设置，可以使表格更加个性化，表现的形式更多样化。

    A. 文字   B. 段落   C. 描边

（3）使用【表选项】命令可以修饰整个表格的外观，表选项包括表设置、行线、列线、（　　　）、表头和表尾。

    A. 描边   B. 填色   C. 竖线

第9章
数字出版

使用InDesign不仅可以用于设计精美的印刷品，还可以用来设计用于电脑屏幕、平板电脑、手机等终端显示的数字媒体出版物。电子出版物的内容更加丰富，可以添加视频、音频，电子出版物的交互性使其渐渐成为一种应用更加广泛的设计产品。

知 识 要 点

➡ 书签设置方法
➡ 超链接设置方法
➡ 按钮设置方法
➡ 动画设置方法

9.1 数字出版基础知识

数字出版是利用计算机软件将文字、图片、声音、影像等信息，通过数码方式记录在以光、电、磁为介质的设备中，借助于特定的设备来读取、复制、传输，数字出版物作为一种新兴的媒体，主要以电脑、平板电脑、手机为载体，从而区别于以纸张为载体的传统出版物，如图9-1所示。

在InDesign中可以设计出包含按钮转换、影片和音频、视频、动画、超链接、书签和页面过渡效果的交互式文档，设计完成后导出特定的格式，即可使用网页浏览器、平板电脑、手机来阅读该文档，并且在这些终端可以应用于InDesign中设置的动画、按钮、书签、超链接、声音和影像，如图9-2所示。

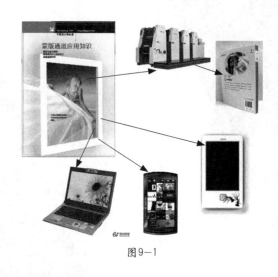

图9—1

图9—2

9.2 书签

在InDesign文档中创建的书签与现实中的书签作用一样，都是为了方便阅读而在某个页面做上标记。首先在页面中建立了书签，在导出PDF之后，每个书签都能跳转到PDF导出文件中的某个页面、文本或图形，书签显示在Adobe Acrobat或Adobe Reader窗口左侧的【书签】选项卡中，如图9-3所示。

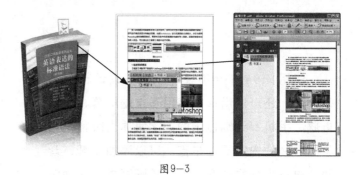

图9—3

9.2.1 / 创建书签

在InDesign页面中，可以创建文字、图片、页面等类型的书签，当单击这些创建好的书签时，页面会跳转到书签页面。执行【窗口】>【交互】>【书签】命令，打开【书签】调板，使用【选择工具】选中页面中的某个对象，如图9-4所示。在【书签】调板中单击【创建新书签】按钮，即可创建一个该对象的书签，如图9-5所示。

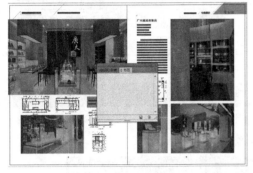
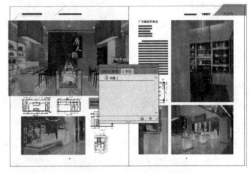

图9-4   图9-5

如果使用【文字工具】选中某些文字后创建书签，【书签】调板中的名称显示为文字内容，如图9-6所示。创建书签也可以通过选择【书签】调板快捷菜单中的【新建书签】命令来完成，如图9-7所示。

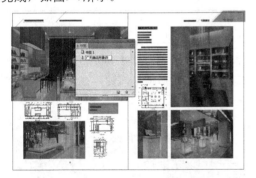
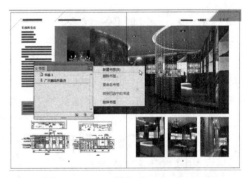

图9-6   图9-7

> **小知识**
>
> 如果在创建新书签时有已经激活的书签，那么创建的书签将成为该书签的下级书签，如图9-8所示。

图9-8

9.2.2 / 重命名书签

为了便于查阅书签可以将书签重新命名，在【书签】调板中选中一个书签，然后选择调板快捷菜单中的【重命名书签】命令，如图9-9所示。在弹出对话框中输入名称，单击【确定】按钮即可完成操作，如图9-10所示。

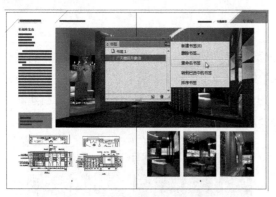 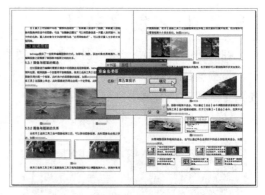

图9—9　　　　　　　　　　　　　　图9—10

小知识

也可以直接在调板中编辑书签名称，选中一个书签，然后在书签栏的名称处单击，书签栏出现输入框，输入名称按【Enter】键即可完成重命名，如图9-11所示。

 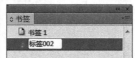 

图9—11

9.2.3 删除书签

创建好的书签可以被删除，选中书签之后，选择调板快捷菜单中的【删除书签】命令即可删除，如图9-12所示；也可以在选中书签之后，单击【删除选定书签】按钮，在弹出的对话框中单击【确定】按钮，即可删除此书签，如图9-13所示。

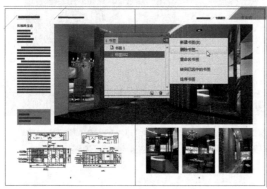 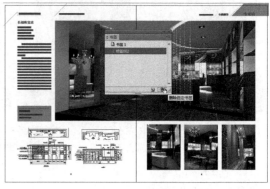

图9—12　　　　　　　　　　　　　　图9—13

9.2.4 排序书签

为了更好地管理书签，可以将书签按照页面顺序进行排列。选择【书签】调板快捷菜单中的【排序书签】命令，创建好的书签将会按照创建的先后顺序排列在【书签】调板中，书签将自动按页面顺序进行排列，如图9-14所示。

图9—14

　　也可以通过手动来调整书签排序，在书签栏的书签上按住鼠标左键并拖动，到合适位置松开鼠标左键即可完成手动排序，如图9-15所示。

图9—15

9.2.5 应用书签

　　在InDesign中双击【书签】调板中已经创建好的书签，或者选择调板快捷菜单中的【转到已选中的书签】命令，可跳转到书签所在的页面，如图9-16所示。

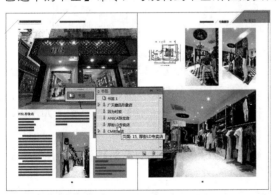

图9—16

　　在Adobe Acrobat软件中打开包含书签的PDF文档，单击【书签】按钮，然后在展开的【书签】选项卡中单击书签，即可跳转页面，如图9-17所示。

图9-17

9.2.6 实战案例——创建书签

知识要点提示

书签设置方法
【书签】调板的使用

操作步骤

01 执行【文件】>【新建】>【文档】命令，弹出【新建文档】对话框，在对话框中设置【页数】为"2"，选中【对页】复选框，【起始页码】设置为"2"，【宽度】和【高度】均为"210毫米"，如图9-18所示。单击【边距和分栏】按钮，弹出【新建边距和分栏】对话框，保持默认选项，单击【确定】按钮，如图9-19所示。

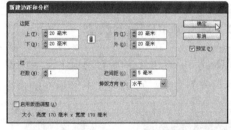

图9-18   图9-19

02 将"素材/第9章/素材实战1.indd"拖动到页面中，执行【窗口】>【交互】>【书签】命令，打开【书签】调板，使用【选择工具】选中页面中的某个对象，如图9-20所示。

03 在【书签】调板中单击【创建新书签】按钮，即可创建一个该对象的书签，如图9-21所示。

04 在【书签】调板中选中一个书签，然后双击调板命令，名字更改为"设计要点"，如图9-22所示。

05 创建好的书签将会按照创建的先后顺序排列在【书签】调板中，为了更好地管理书签，可以将书签按照页面顺序进行排列。选择【书签】调板快捷菜单中的【排序书签】命令，书签将自动按页面顺序进行排列，如图9-23所示。

06 保存文件后，生成PDF文档，在Adobe Acrobat软件中打开包含书签的PDF文档，单击

【书签】按钮，然后在展开的【书签】选项卡中单击书签，即可跳转页面，如图9-24所示。

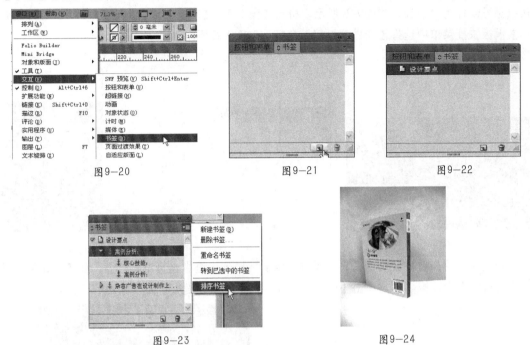

图9-20   图9-21   图9-22

图9-23   图9-24

9.3 超链接

超链接也可以实现跳转功能，比书签更强大的是，超链接不光可以在本文档内不同页面之间跳转，还可以在不同的文档之间跳转，并且还可以跳转到互联网的网页中。

9.3.1 创建超链接

创建的超链接需要有"源"和"目标"，"源"像是一个触发机关，单击这个"源"才能引发跳转动作，"源"可以是超链接文本、超链接文本框架或超链接图形框架；"目标"可以是超链接跳转到达的 URL、文件、电子邮件地址、页面文本锚点或共享目标，一个源只能跳转到达一个目标，但可有任意数目的源跳转到达同一个目标，如图9-25所示。

将源和目标设置好，单击"源"即可跳转到"目标"

图9-25

使用【选择工具】选中框架、图片等对象或者使用【文字工具】选中文字，这些选中的对象都可以作为"源"，如图9-26所示。执行【窗口】>【交互】>【超链接】命令，在【超链接】调板快捷菜单中选择【新建超链接】命令，如图9-27所示。

图9-26   图9-27

弹出【新建超链接】对话框，在【链接到】下拉列表框中选择链接类型，如【URL】，然后在【目标】中设置名称，单击【确定】按钮，即可完成超链接设置，如图9-28所示。

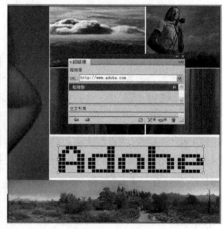

图9-28

在【新建超链接】对话框中的【链接到】下拉列表框中可以选择多种链接类型，选择不同的【链接到】类型，其【目标】的设置选项也不同，如图9-29所示。

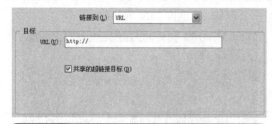

【URL】是指创建指向网页的超链接，在【目标】选项组的【URL】文本框中输入网址之后，单击该超链接可以跳转到目标网址

【文件】是指创建指向本机文件的超链接，在【目标】选项组的【路径】文本框中输入文件的路径之后，单击该超链接可以使用文档的运行软件打开该目标文件

【电子邮件】是指创建指向电子邮件的超链接，在【目标】选项组的【地址】文本框中输入收件人的邮件地址，在【主题行】文本框中输入邮件标题，单击该超链接可以跳转到新建邮件窗口

【页面】是指创建指向InDesign页面的超链接，在【目标】选项组的【文档】下拉列表框中可以选择已经打开并保存了的文档，在【页面】数值框中设置该文档的页面，单击该超链接可以使用文档的运行软件打开该文档，【缩放设置】下拉列表框中可以选择跳转到达页面的视图状态

【文本锚点】是指创建指向选定文本或插入点位置的超链接。只有使用【文字工具】选定文本或者建立了插入点，然后在【超链接】调板快捷菜单中选择【新建超链接目标】命令之后，才能在【目标】选项组的【文本锚点】下拉列表框中出现设置的文本锚点

创建超链接时，如果从【链接到】下拉列表框中选择了【共享目标】，则可以指定任何已命名的目标。在创建指向 URL、文件或电子邮件地址期间，使用【URL】文本框添加 URL 或选中【共享的超链接目标】复选框时将会为目标命名

图9-29

在【新建超链接】对话框中，只有"源"为文本才能选择【字符样式】中的【样式】，选中的【样式】将应用到该【源】文本中，如图9-30所示。【外观】选项组用于设置的文档输出为PDF之后，单击超链接时发生的外观变化，如图9-31所示。

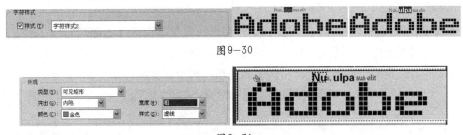

图9-30

图9-31

9.3.2 管理超链接

创建的超链接被分列在【超链接】调板中，使用【超链接】调板可以编辑、删除、重置或定位这些超链接，如图9-32所示。

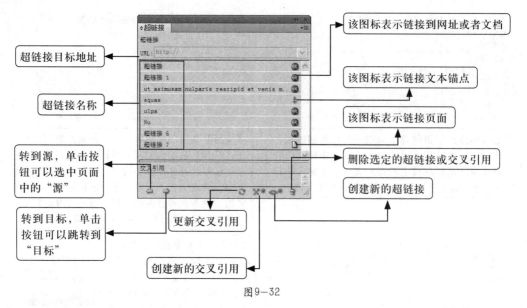

超链接目标地址

该图标表示链接到网址或者文档

超链接名称

该图标表示链接文本锚点

该图标表示链接页面

转到源，单击按钮可以选中页面中的"源"

删除选定的超链接或交叉引用

创建新的超链接

转到目标，单击按钮可以跳转到"目标"

更新交叉引用

创建新的交叉引用

图9-32

1．编辑超链接

双击【超链接】调板中的项目，在弹出的对话框中设置【链接到】为需要的选项，如【URL】，然后可以在【目标】选项组中重新输入新的目标地址，如图9-33所示。

图9-33

2．删除超链接

在【链接】调板中选中超链接项目，执行调板快捷菜单中的【删除超链接/交叉引用】命令，在弹出的对话框中单击【是】按钮，即可删除超链接；或者选中超链接项目之后，单击调板下方的【删除选定的超链接或交叉引用】按钮也可删除超链接，如图9-34所示。

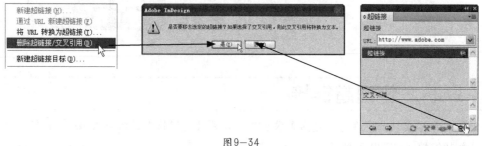

图9-34

3．重命名超链接

在【链接】调板中选中超链接项目，执行调板快捷菜单中的【重命名超链接】命令，在弹出的对话框中输入新名称，单击【确定】按钮，即重命名超链接，如图9-35所示。

图9-35

4．编辑或删除超链接目标

选择【超链接】调板快捷菜单中的【超链接目标选项】命令，在弹出的对话框中单击【编辑】按钮即可编辑"目标"中选中的项目，如图9-36所示，单击【删除】按钮或者【全部删除】按钮可删除目标，如图9-37所示。

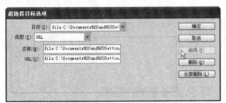 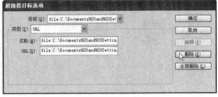

图9-36　　　　　　　　　　　　　图9-37

5．重置或更新超链接

重置超链接可以将【超链接】调板中建立的超链接应用到新的"源"中，选择一个没有设置超链接的对象作为新"源"，选择【超链接】调板中的某个项目，选择调板快捷菜单中的【重置超链接】命令，新源将应用该超链接，如图9-38所示。要将超链接更新到外部文档，在【超链接】调板快捷菜单中选择【更新超链接】命令。

图9-38

9.4　交叉引用

设置交叉引用可以实现在文章中某些文本之间引用和跳转，设置交叉引用的文本可以跳转到应用了段落样式的文本或者文本锚点。使用【超链接】调板在文档中可以插入交叉引用，被

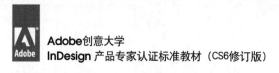
引用的文本称为"目标文本"，从目标文本生成的文本为"源交叉引用"。

在文档中插入交叉引用时，可以从多种预先设计的格式中选择格式，也可以自己创建自定格式；可以将某个字符样式应用于整个交叉引用源，也可以应用于交叉引用中的文本；交叉引用格式可在书籍内部同步，交叉引用源文本可以进行编辑，并且可以换行。

9.4.1 创建交叉引用

在文本中选中某些文字或者建立文字插入点，然后在【超链接】调板快捷菜单中选择【插入交叉引用】命令，如图9-39所示。

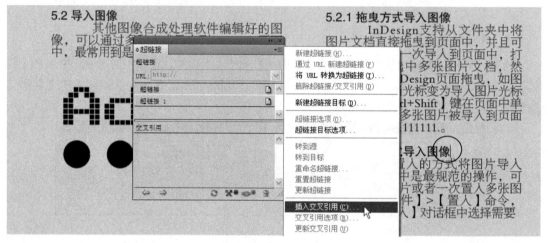

图9-39

在弹出的【新建交叉引用】对话框中，在【链接到】下拉列表框中可以选择【段落】或者【文本锚点】选项，在【目标】选项组的【文档】中可以选择已经打开的文档，然后可以设置列表框中选择段落样式或者文本锚点，如图9-40所示。

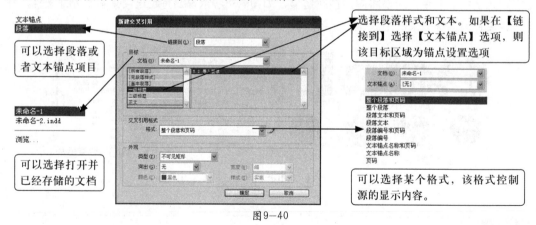

图9-40

可以看到文本插入点出现交叉引用文字，【超链接】调板中出现该交叉引用项目，单击【转到所选超链接或交叉引用的目标】按钮，文本插入点发生跳转，如图9-41所示。

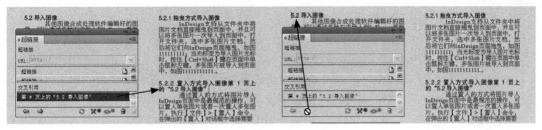

图9—41

9.4.2 使用交叉引用格式

默认情况下，【新建交叉引用】对话框中会显示数种交叉引用格式，可以编辑、删除这些格式，也可以创建自己的格式。

1. 创建或编辑交叉引用格式

与其他预设不同，交叉引用格式可以进行编辑或删除，编辑某个交叉引用格式时，使用该格式的所有源交叉引用均会自动更新。在【新建交叉引用】对话框中单击 ✏ 按钮，如图9-42所示。在弹出的【交叉引用格式】对话框中，可以在左侧的引用格式列表中选择一个项目，然后在【名称】中重新编辑名称，在【定义】中修改其显示内容，选中【交叉引用字符样式】复选框，则可以将引用的文字应用选中的字符样式；也可以单击 ➕ 按钮添加新的引用格式，然后重新编辑这个添加的引用格式，如图9-43所示。

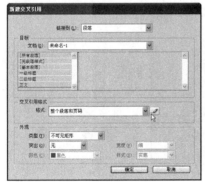

图9—42

图9—43

2. 删除交叉引用格式

在【交叉引用格式】对话框中单击 🗑 按钮，可以将选中的引用格式删除，已经应用于文档中的交叉引用格式不可删除，如图9-44所示。

图9—44

9.4.3 / 管理交叉引用

1．更新交叉引用

如果目标移动到其他页面，交叉引用则会自动更新；如果交叉引用目标文本已发生更改或交叉引用源文本已经过编辑，在【超链接】调板中出现更新图标指示⚠️，单击【超链接】调板下方的【更新交叉引用】按钮，则可以更新交叉引用，如果调板中有多个更新交叉引用则都会被更新，如图9-45所示。

图9—45

2．重新链接交叉引用

如果缺失的目标文本已经移动到其他文档，或者包含目标文本的文档已经重命名，则可以重新链接交叉引用，重新链接时将会删除源交叉引用的所有变更，在【超链接】调板快捷菜单中选择【重新链接交叉引用】命令，在【定位】对话框中找到目标文档，单击【打开】按钮，重新链接完成，如图9-46所示。

  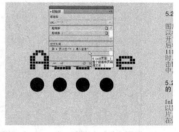

图9—46

3．编辑交叉引用

若要更改源交叉引用的外观或指定其他格式，可以编辑交叉引用，如果编辑链接到另外一个文档的交叉引用，该文档将会自动打开。在【超链接】调板快捷菜单中选择【交叉引用选项】命令，在弹出的【编辑交叉引用】对话框中编辑交叉引用，单击【确定】按钮，如图9-47所示。

4．删除交叉引用

删除交叉引用时，源交叉引用将转换为文本。在【超链接】调板的【交叉引用】区域中，选择要删除的交叉引用，单击【删除选定的超链接或交叉引用】按钮，如图9-48所示；或者从调板快捷菜单中选择【删除超链接/交叉引用】命令，在弹出的提示对话框中单击【是】按钮进行确认，如图9-49所示。

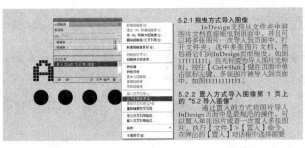
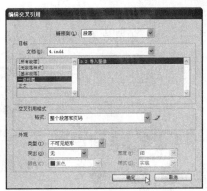

图9—47

图9—48

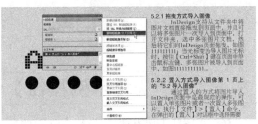

图9—49

9.5 按钮

在InDesign文档中创建了互动的按钮，该文档导出为 SWF 或 PDF 格式，执行相应动作后，可以跳转到其他页面或打开网站。

9.5.1 创建按钮

选择一个框架对象，执行【窗口】>【交互】>【按钮】命令，在打开的【按钮】调板中单击【将对象转换为按钮】按钮，如图9-50所示。在【按钮】调板的【外观】区域中出现按钮对象的缩略图，如图9-51所示。

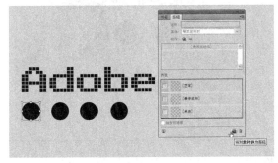

图9—50

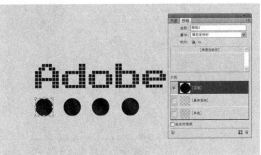

图9—51

可以在调板中设置按钮名称，在【事件】下拉列表框中设置鼠标操作状态，在【动作】中单击 按钮，在弹出的下拉菜单中选择一个动作，如【转到URL】，然后输入需要跳转的网

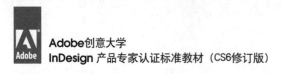

站网址，如图9-52所示。单击调板中的【预览跨页】按钮⬚，在【预览】调板中单击设置好的
按钮可以观看预览效果，如图9-53所示。

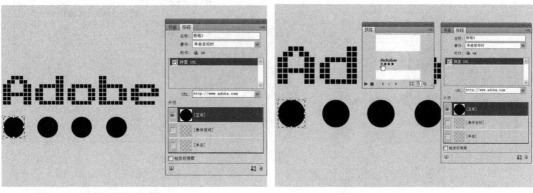

图9-52　　　　　　　　　　　　　　　　　图9-53

9.5.2 ╱ 从【示例按钮】调板中添加按钮

　　【示例按钮】调板有一些预先创建的按
钮，可以将这些按钮拖到文档中，这些示例
按钮包括渐变羽化效果和投影等效果。【示
例按钮】调板是一个对象库，可以在该调板
中添加按钮，也可以删除不用的按钮。从
【按钮】调板快捷菜单中选择【示例按钮】
命令以打开【示例按钮】调板，将某个按钮
从【示例按钮】调板拖动到文档中。使用
【选择工具】选择该按钮，然后根据需要使
用【按钮】调板编辑该按钮，如图9-54所示。

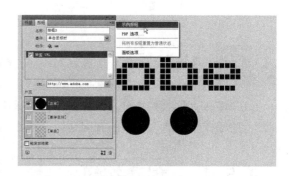

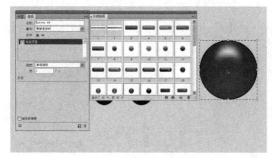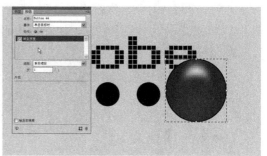

图9-54

9.5.3 ╱ 将按钮转换为对象

　　将互动的按钮转换为对象后，这些按钮的交互功能将自动删除。选中需要转换的按钮，单
击【将按钮转换为对象】按钮即可完成转换，如图9-55所示。

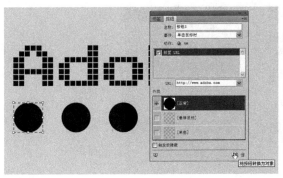 

图9—55

9.5.4 实战案例——图片超链接

知识要点提示

按钮设置方法

【超链接】、【按钮】调板的使用

操作步骤

01 执行【文件】>【新建】>【文档】命令，弹出【新建文档】对话框，在对话框中设置【页数】为"2"，选中【对页】复选框，【起始页码】设置为"2"，【宽度】和【高度】均为"210毫米"。单击【边距和分栏】按钮，弹出【新建边距和分栏】对话框，保持默认选项，单击【确定】按钮，如图9-56所示。

02 选择一个框架对象，执行【窗口】>【交互】>【按钮和表单】命令，如图9-57所示，在打开的【按钮和表单】调板中单击【将对象转换为按钮】按钮。

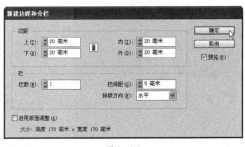

图9—56

图9—57

03 可以在调板中设置按钮名称，在【事件】下拉列表框中设置鼠标操作状态，在【动作】中单击 ♣ 按钮，在弹出的下拉菜单中选择一个动作，如【转到URL】，然后输入需要跳转的网站网址，如图9-58所示。

图9—58

04 执行【窗口】>【交互】>【超链接】命令，在【超链接】调板快捷菜单中选择【新建超链接】命令，在弹出的对话框中将【URL】的选项设置为"http：//www.baidu.com"，如图9-59所示。

图9—59

05 设置超链接完成后，可以进行图片与图片间的连接，如图9-60所示。

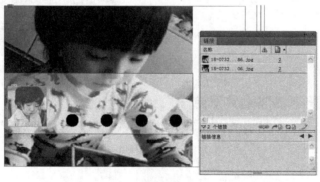

图9—60

9.6 视频和声音

在InDesign文档中可以添加影片和声音文件，将文档导出为 Adobe PDF 或 SWF时，这些添加的影像和声音都可以播放。

9.6.1 添加视频或声音文件

可以在InDesign文档中导入FLV、F4V、SWF、MP4 和 MP3 等格式的文件，执行【文件】＞【置入】命令，在【置入】对话框中选中影片或声音文件，单击【打开】按钮。在页面中单击要显示影片的位置，影像被置入到页面中，使用【直接选择工具】可以调整影像大小，如图9-61所示。放置影片或声音文件时，框架中将显示一个媒体对象，此媒体对象链接到媒体文件。如果影片的中心点显示在页面的外部，则不导出该影片，如图9-62所示。

图9-61

图9-62

9.6.2 设置影音媒体文件

使用【选择工具】选中影音文件，执行【窗口】>【交互】>【媒体】命令，打开【媒体】调板，可以预览影音媒体文件并更改设置，如图9-63所示。

载入页面时播放：当用户转至影片所在的页面时播放影片，如果其他页面项目也设置为【载入页面时播放】，则可以使用【计时】调板来确定播放顺序

控制器：可以指定预制的控制器外观，从而让用户可以采用各种方式暂停、开始和停止影片播放

导航点：要创建导航点，将视频快进至特定的帧，然后单击【加号】按钮。如果希望在不同的起点处播放视频，则导航点非常有用，创建视频播放按钮时，可以使用【从导航点播放】选项，从所添加的任意导航点开始播放视频

影片缩略图

循环：重复播放影片，如果源文件为 Flash 视频格式，则循环播放功能只适用于导出的 SWF 文件，而不适用于导出的 PDF 文件

海报：指定要在播放区域中显示的图像的类型

图9-63

9.7 动画

通过应用动画效果，使对象在导出的 SWF 文件中移动。可以使用【动画】调板应用移动预设并编辑诸如"持续时间"和"速度"之类的设置。使用【直接选择工具】和【钢笔工具】可以编辑动画对象经过的路径。【计时】调板可以确定页面上对象执行动画的顺序；【预览】调板可以在 InDesign 面板中查看动画。

9.7.1 【动画】调板

在InDesign文档中选择需要设置动画的对象，执行【窗口】>【交互】>【动画】命令，在打开的【动画】调板中设置即可应用动画效果，如图9-64所示。

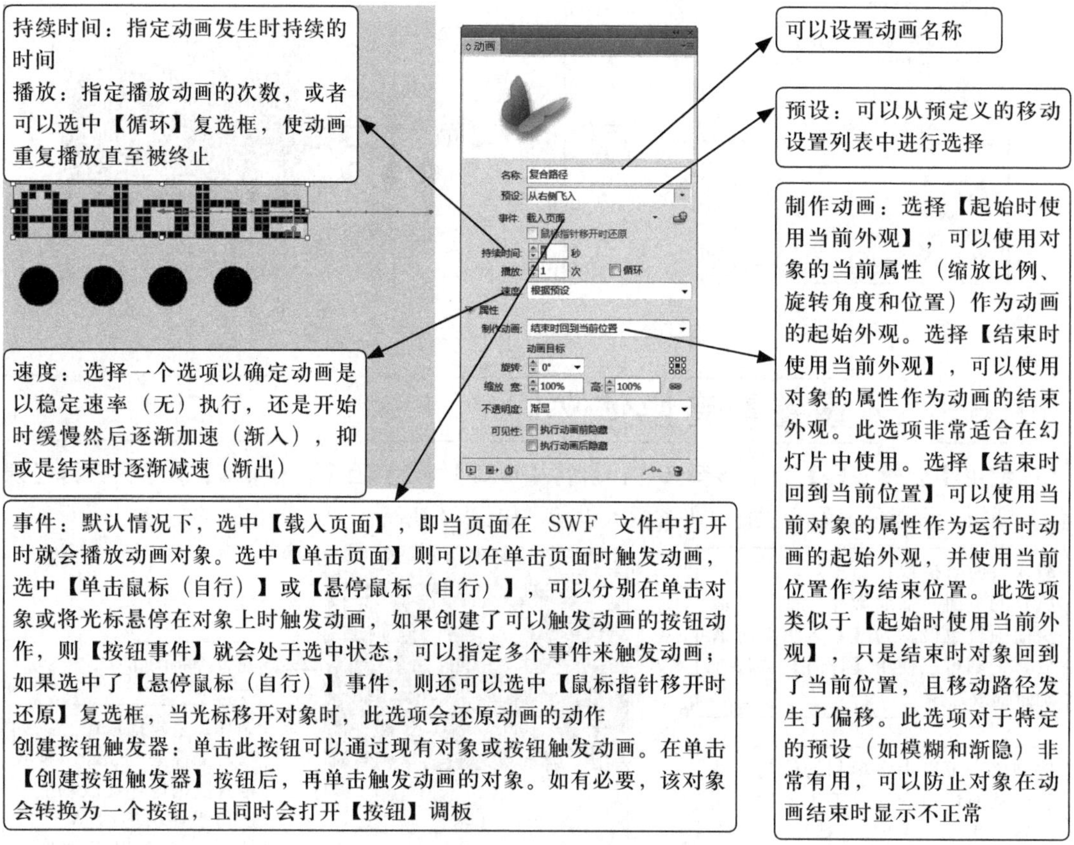

持续时间：指定动画发生时持续的时间

播放：指定播放动画的次数，或者可以选中【循环】复选框，使动画重复播放直至被终止

速度：选择一个选项以确定动画是以稳定速率（无）执行，还是开始时缓慢然后逐渐加速（渐入），抑或是结束时逐渐减速（渐出）

可以设置动画名称

预设：可以从预定义的移动设置列表中进行选择

制作动画：选择【起始时使用当前外观】，可以使用对象的当前属性（缩放比例、旋转角度和位置）作为动画的起始外观。选择【结束时使用当前外观】，可以使用对象的属性作为动画的结束外观。此选项非常适合在幻灯片中使用。选择【结束时回到当前位置】可以使用当前对象的属性作为运行时动画的起始外观，并使用当前位置作为结束位置。此选项类似于【起始时使用当前外观】，只是结束时对象回到了当前位置，且移动路径发生了偏移。此选项对于特定的预设（如模糊和渐隐）非常有用，可以防止对象在动画结束时显示不正常

事件：默认情况下，选中【载入页面】，即当页面在 SWF 文件中打开时就会播放动画对象。选中【单击页面】则可以在单击页面时触发动画，选中【单击鼠标（自行）】或【悬停鼠标（自行）】，可以分别在单击对象或将光标悬停在对象上时触发动画，如果创建了可以触发动画的按钮动作，则【按钮事件】就会处于选中状态，可以指定多个事件来触发动画；如果选中了【悬停鼠标（自行）】事件，则还可以选中【鼠标指针移开时还原】复选框，当光标移开对象时，此选项会还原动画的动作

创建按钮触发器：单击此按钮可以通过现有对象或按钮触发动画。在单击【创建按钮触发器】按钮后，再单击触发动画的对象。如有必要，该对象会转换为一个按钮，且同时会打开【按钮】调板

图9-64

9.7.2 使用【计时】调板更改动画顺序

使用【计时】调板可以更改动画对象播放的时间顺序，【计时】调板可以根据指定给每个动画的页面事件列出当前跨页上的动画。动画对象会按其创建的时间顺序列出，默认情况下，为"载入页面"事件列出的动画会连续地发生，为"单击页面"事件列出的动画会在每次单击页面时依次播放。可以更改动画顺序，使对象同时播放，也可以延迟动画的播放。

单击【动画】调板中 按钮，在打开的【计时】调板中从【事件】下拉列表中选择一个
选项，如图9-65所示。

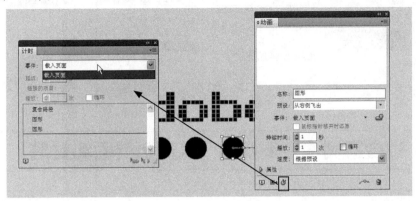

图9—65

要更改动画顺序，可以上下拖动列表中的项目，最上面的项目最先执行动画，如图9-66所
示。要延迟动画，选中该项目，然后指定延迟的秒数，如图9-67所示。要一起播放多个动画对
象，在列表中选中这些项目，然后单击【一起播放】按钮 以链接这些项目，按下【Shift】
键的同时单击可以选择多个相邻的项目，按下 【Ctrl（Windows）/ Command（Mac OS）】键
的同时单击可以选择多个不相邻的项目，如图9-68所示。如果不希望一个或多个链接的项目一
起播放，将其选中，然后单击【单独播放】按钮，如图9-69所示。要播放特定次数的链接项目
或循环进行播放，选中所有链接在一起的项目，然后指定动画播放次数，或选中【循环】复选
框，要更改触发动画的事件，选中该项目，然后在【事件】下拉列表框中选择【载入页面】或
【单击页面】选项，如图9-70所示。要将某个项目从当前选定的事件中删除，在【计时】调板
快捷菜单选择【删除项目】命令，如果未对项目指定任何事件，则该项目会出现在"未指定"
类别中，可以从【事件】下拉列表框中选择该类别，如图9-71所示。

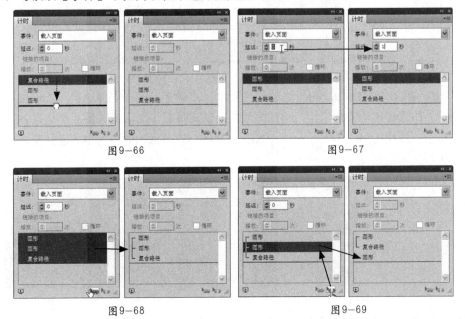

图9—66   图9—67

图9—68   图9—69

图9-70

图9-71

9.8 综合案例——多媒体个人简历封面和封底

知识要点提示

添加影音媒体文件

【动画】、【超链接】、【按钮】调板的使用

操作步骤

01 执行【文件】>【新建】>【文档】命令，弹出【新建文档】对话框，在对话框中设置【页数】为"2"，选中【对页】复选框，【起始页码】设置为"2"，【宽度】和【高度】均为"210毫米"，如图9-72所示。单击【边距和分栏】按钮，弹出【新建边距和分栏】对话框，保持默认选项，单击【确定】按钮，如图9-73所示。

图9-72

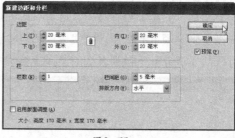
图9-73

02 将"素材/第9章/ditu.psd"拖动到页面中，按住【Ctrl（Windows）/Command（Mac OS）+Shift】组合键拖动图片框架，将图片放大至铺满页面，然后调整图片框架以裁剪图片，如图9-74所示。按住【Alt（Windows）/Option（Mac OS）+Shift】组合键将图片复制到左页面上，如图9-75所示。

图9-74

图9-75

03 在页面中输入文字并设置好文字属性，如图9-76所示。使用【矩形工具】在页面上绘

制一个矩形框，如图9-77所示。

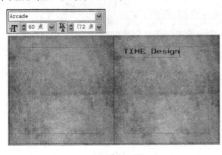

图9—76

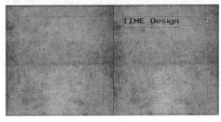

图9—77

04 按住【Shift】键并使用【直线工具】在页面上绘制一条45°的线段，按住【Alt（Windows）/ Option（Mac OS）+Ctrl（Windows）/Command（Mac OS）+Shift】组合键拖动线段，复制得到一条新的线段，反复按下【Alt（Windows）/ Option（Mac OS）+Ctrl（Windows）/Command（Mac OS）+4】键复制多条线段，如图9-78所示。使用【选择工具】选中这些线段，按【Ctrl（Windows）/Command（Mac OS）+G】组合键将它们成组，按【Ctrl（Windows）/Command（Mac OS）+X】组合键剪切线段组，选中矩形，按【Alt（Windows）/ Option（Mac OS）+Ctrl（Windows）/Command（Mac OS）+V】组合键将线段组粘入矩形内，如图9-79所示。

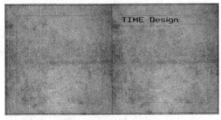

图9—78

图9—79

05 按住【Shift】键并使用【直线工具】在页面上绘制两条水平线段，分别设置线粗为"1点"和"0.5点"，如图9-80所示。使用【文字工具】输入文字，并设置文字属性，然后将其移动到合适位置，如图9-81所示。

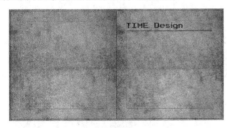

图9—80

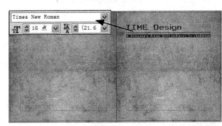

图9—81

06 按住【Shift】键并使用【直线工具】在页面上绘制一条水平线段，设置线粗为"0.5点"，将线段放置在文字下方，如图9-82所示。使用【文字工具】输入文字，并设置文字属性，然后将其移动到合适位置，如图9-83所示。

07 按住【Shift】键并使用【直线工具】在页面上绘制一条水平线段，设置线粗为"0.5点"，如图9-84所示。使用【文字工具】输入文字，并设置文字属性，然后将其移动到合适位置，如图9-85所示。

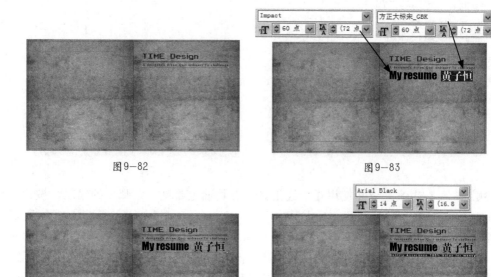

图9—82　　　　　　　　　　　　　　　　　图9—83

图9—84　　　　　　　　　　　　　　　　　图9—85

08 使用【直线工具】在页面上绘制一条"1点"线粗的水平线段，将其放置在合适位置，如图9-86所示。使用【选择工具】选中矩形，复制该矩形，然后拖动矩形定界框，将其调整至合适大小，如图9-87所示。

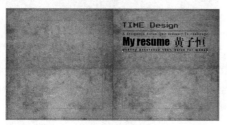

图9—86

图9—87

09 使用【文字工具】输入文字，并设置文字属性，然后将其移动到合适位置，如图9-88所示。使用【文字工具】输入文字，并设置文字属性，然后将其移动到页面下方，如图9-89所示。

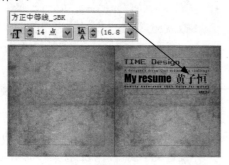

图9—88

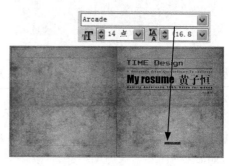

图9—89

（10）在左页面上使用【矩形工具】绘制一个矩形，将矩形线粗设置为"8点"，然后使用【钢笔工具】在路径上添加两个锚点，如图9-90所示。使用【直接选择工具】选中右侧锚点按住鼠标左键拖动，到合适位置松开鼠标左键，如图9-91所示。

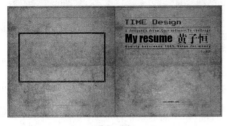
图9-90

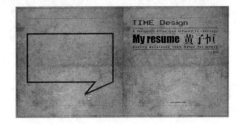
图9-91

（11）执行【文件】>【置入】命令，将"素材/第9章/视频.mp4"文件置入到页面中，按住【Ctrl（Windows）/Command（Mac OS）+Shift】组合键拖动该对象框架将其缩小至合适，然后将其放置在合适位置，如图9-92所示。使用【选择工具】选中下方图形，按【Shift+Ctrl（Windows）/Command（Mac OS）+]】组合键将其放置在最上方，调整图形的宽度使其适合视频大小，如图9-93所示。

图9-92

图9-93

（12）使用【选择工具】选中图形和视频对象，将它们移动到页面居中位置，如图9-94所示。使用【椭圆工具】绘制一个直径为"12毫米"的圆形，将描边设置为"无"，填充色设置为"黑色"，然后将其移动到合适位置，如图9-95所示。

图9-94

图9-95

（13）使用【选择工具】选中"My resume"文字框架，执行【窗口】>【交互】>【动画】命令，在打开的【动画】调板中将【预设】设置为【脉冲】，【持续时间】和【播放】都设置为"3"，按【Enter】键，如图9-96所示。在【动画】调板中单击□按钮，在【预览】调板中观察该动画效果，如图9-97所示。

图9-96

图9-97

⑭ 使用【选择工具】选中"个人简历"文字框架，在【动画】调板中将【预设】设置为【从左侧飞入】，选中【循环】复选框，如图9-98所示。使用【直接选择工具】选中动画路径最左侧锚点，将其向左拖动到合适位置松开鼠标，动画的飞行路径被调整，如图9-99所示。

图9-98

图9-99

⑮ 使用【文字工具】选中页面下方的文字，执行【窗口】>【交互】>【超链接】命令，如图9-100所示。在打开的【超链接】调板的【URL】文本框中输入"www.adobe.com"，按【Enter】键，如图9-101所示。

图9-100

图9-101

⑯ 使用【选择工具】选中左页面的圆形，执行【窗口】>【交互】>【按钮】命令，打开【按钮】调板，如图9-102所示。单击 按钮将对象转换为按钮，如图9-103所示。

⑰ 在【按钮】调板中将【事件】设置为【单击鼠标时】，如图9-104所示。将【动作】设置为【视频】，如图9-105所示。

图9-102

图9-103

图9-104 　　　　　　　　　　　　　　　　　图9-105

[18] 页面中的视频被自动选中，如图9-106所示。设计完成，效果如图9-107所示。

图9-106 　　　　　　　　　　　　　　　　　图9-107

9.9 本章小结

　　本章主要介绍了如何设计制作一个多媒体的电子出版物，其中涉及添加影音文件、制作动画效果和设置超链接、书签等多种互动特效，使用InDesign可以很方便地设计电子出版物。

9.10 本章习题

选择题

　　（1）可使用网页浏览器、平板电脑、手机来阅读文档，并且在这些文档终端可以应用在InDesign中设置的交互式功能，其中不包括（　　）。

　　A. 动画　　　　　　　　B. 按钮　　　　　　　　C. 超链接　　　　　　　　D. 标签

　　（2）超链接也可以实现（　　）功能，比书签更强大的是，超链接不光可以在本文档内不同页面之间跳转，还可以在不同的文档之间跳转，并且还可以转到互联网的网页中。

　　A. 跳转　　　　　　　　B. 标记　　　　　　　　C. 同步

第10章
InDesign的打印与输出

本章主要介绍InDesign的打印与输出的操作。InDesign在打印和输出之前，都要进行相关的详细的参数设置，只有正确设置相关参数，才能保证InDesign正常地打印和输出。

知识要点

➡ 掌握InDesign文件的预检
➡ 掌握InDesign打印的设置
➡ 掌握PDF文件的导出
➡ 掌握SWF文件的导出

10.1 文件的预检和打包

10.1.1 文件的预检

打印文档或将文档提交给服务提供商之前，可以对此文档进行品质检查。预检是此过程的行业术语。有些问题会使文档的打印或输出无法获得满意的效果。在编辑文档时，如果遇到这类问题，【印前检查】调板会发出警告。这些问题包括文件或字体缺失、图像分辨率低、文本溢流及其他一些问题。

1. 【印前检查】调板概述

在【印前检查】调板中配置印前检查设置，定义要检测的问题。这些印前检查设置存储在印前检查配置文件中，以便重复使用。还可以创建自己的印前检查配置文件，也可以从打印机或其他来源导入。要利用实时印前检查，在文档创建的早期阶段创建或指定一个印前检查配置文件。如果打开了印前检查，则 InDesign 检测到其中任何问题时，都将在状态栏中显示一个红圈图标，可以打开【印前检查】调板并查看【信息】区域，获得有关如何解决问题的基本指导。如果没有检测到任何错误，"印前检查"图标显示为绿色。

执行【窗口】＞【输出】＞【印前检查】命令，可打开【印前检查】调板。图10-1所示为自定配置文件对文档检查后【印前检查】调板的效果。

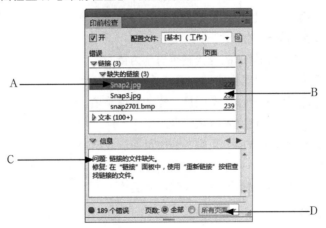

图10—1

在【印前检查】调板中，A表示选定的错误；B表示单击页码可查看的页面项目；C表示【信息】区域提供了有关如何解决选定问题的建议；D表示指定页面范围以限制错误检查。

默认情况下，对新文档和转换文档应用【基本】配置文件。此配置文件将标记缺失的链接、修改的链接、溢流文本和缺失的字体。不能编辑或删除【基本】配置文件，但可以创建和使用多个配置文件。例如，可以切换不同的配置文件，处理不同的文档；使用不同的打印服务提供商；在不同生产阶段中使用同一个文件。

2. 定义印前检查配置文件

在【印前检查】调板快捷菜单或文档窗口底部状态栏的【印前检查】菜单中，选择【定义配置文件】命令，如图10-2所示。

图10-2

弹出【印前检查配置文件】对话框，在对话框中单击【新建印前检查配置文件】按钮 ，然后为配置文件指定名称，如图10-3所示。

图10-3

在每个类别中，指定印前检查设置。框中的选中标记表示包括所有设置。空框表示未包括任何设置。印前检查包括的类别如下：

链接：确定缺失的链接和修改的链接是否显示为错误。

颜色：确定需要何种透明混合空间，是否允许使用CMYK印版、色彩空间、叠印等项。

图像和对象：指定图像分辨率、透明度、描边宽度等项。

文本：显示缺失字体、溢流文本等项错误。

文档：指定对页面大小和方向、页数、空白页面以及出血和辅助信息区设置的要求。

设置完毕后，单击【存储】按钮，保留对一个配置文件的更改，然后再处理另一个配置文件；或单击【确定】按钮，关闭对话框并存储所有更改。

3．删除配置文件

要删除配置文件，可以从【印前检查】调板快捷菜单中选择【定义配置文件】命令，弹出【印前检查配置文件】对话框，选择要删除的配置文件，然后单击【删除印前检查配置文件】 按钮，如图10-4所示。弹出提示对话框，如图10-5所示，单击【确定】按钮，即可删除配置文件。

图10-4

图10-5

4．查看和解决印前检查错误

错误列表中只列出了有错误的类别。可以单击每一项旁边的箭头，将其展开或折叠。查看错误列表时，请注意下列问题。

（1）在某些情况下，是色板、段落样式等设计元素造成了问题。此时不会将设计元素本身报告为错误。而是将应用有该设计元素的所有页面项列在错误列表中。在这种情况下，务必解决设计元素中的问题。

（2）溢流文本、隐藏条件或附注中出现的错误不会列出。修订中仍然存在的已删除文本也将忽略。

（3）如果未曾应用某个主页，或者当前范围的页面未应用此主页，则不会列出该主页上有问题的项目。如果某个主页项目存在错误，那么即使此错误重复出现在应用了该主页的每个页面上，【印前检查】调板也只列出该错误一次。

（4）对于非打印页面项、粘贴板上的页面项、隐藏或非打印图层中出现的错误，只有当【印前检查选项】对话框中指定了相应的选项时，它们才会显示在错误列表中。

（5）如果只需输出某些页面，可以将印前检查限制在此页面范围内。在【印前检查】调板的底部指定页面范围。

5．设置印前检查选项

从【印前检查】调板快捷菜单中选择【印前检查选项】命令，弹出【印前检查选项】对话框，如图10-6所示。

图10—6

工作配置中的文件：选择用于新文档的默认配置文件。如果要将工作配置文件嵌入新文档中，选中【将工作中的配置文件嵌入新建文档】复选框。

使用嵌入配置文件/使用工作中的配置文件：打开文档时，确定印前检查操作是使用该文档中的嵌入配置文件，还是使用指定的工作配置文件。

图层：指定印前检查操作是包括所有图层上的项、可见图层上的项，还是可见且可打印图层上的项。例如，如果某个项位于隐藏图层上，可以阻止报告有关该项的错误。

非打印对象：选中此复选框后，将对【属性】调板中标记为非打印的对象报错，或对应用了"隐藏主页项目"的页面上的主页对象报错。

粘贴板上的对象：选中此复选框后，将对粘贴板上的置入对象报错。

10.1.2 文件的打包

通过InDesign打包功能可以收集使用过的文件（包括字体和链接图形），以轻松地提交给

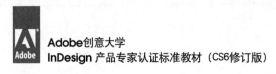
服务提供商。打包文件时，可创建包含 InDesign 文档（或书籍文件中的文档）、任何必要的字体、链接的图形、文本文件和自定报告的文件夹。此报告（存储为文本文件）包括【打印说明】对话框中的信息，打印文档需要的所有使用的字体、链接和油墨的列表以及打印设置。

执行【文件】>【打包】命令。弹出【打包】对话框，如图10-7所示，警告图标 ⚠ 表示有问题的区域。如果通知有问题，单击【取消】按钮，然后使用【印前检查】调板解决有问题的区域。如果文档没有问题，则开始打包。

单击【打包】按钮，如果文档尚未存储，将弹出提示对话框，如图10-8所示，单击【存储】按钮，对文档进行存储。

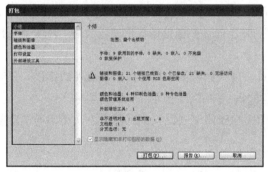

图10—7

图10—8

存储文档后，弹出【打印说明】对话框，根据需要，填写打印说明。输入的文件名是附带所有其他打包文件的报告的名称，如图10-9所示。

填写的信息将以文本文档格式保存，在其中可以填写文件名、联系人、公司和地址等重要的信息

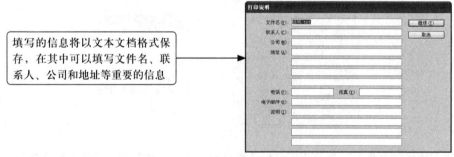

图10—9

单击【继续】按钮以继续打包。弹出【打包出版物】对话框，如图10-10所示，指定打包文件的存储位置后，单击【打包】按钮，文件将进行打包。

可以指定文件打包的存储位置

可以指定文件打包的名称

图10—10

复制字体：复制所有必需的字体文件，而不是整个字体系列。

复制链接图形：将链接的图形文件复制到打包文件夹位置。

更新包中的图形链接：将图形链接更改到打包文件夹位置。

仅使用文档连字例外项：选中此复选框后，InDesign 将标记此文档，这样当其他用户在具有其他连字和词典设置的计算机上打开或编辑此文档时，不会发生重排。可以在将文件发送给服务提供商时选中此复选框。

包括隐藏和非打印内容的字体和链接：打包位于隐藏图层、隐藏条件和打印图层选项已关闭的图层上的对象。如果未选中此复选框，包中仅包含创建此包时文档中可见且可打印的内容。

查看报告：打包后，立即在文本编辑器中打开打印说明报告。要在完成打包过程之前编辑打印说明，单击【说明】按钮。

10.1.3 实战案例——打包文件

01 执行【文件】>【新建】>【文档】，在弹出的【新建文档】对话框中设置参数，如图10-11所示。

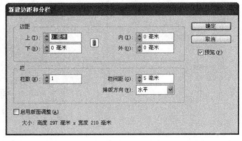

图10—11

02 执行【文件】>【置入】命令，在弹出的对话框中选择"素材/第10章/素材.JPG"文件，单击【打开】按钮，置入图像文件，如图10-12所示。

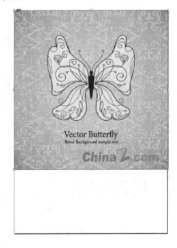

图10—12

03 执行【文件】>【存储】命令，如图10-13所示。

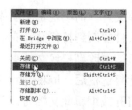

图10—13

04 执行【文件】>【打包】命令，在弹出的窗口中单击"打包"按钮。在弹出的对话框中单击【继续】按钮。在弹出的【打包出版物】窗口中单击"打包"按钮，如图10-14所示。文档打包完成。

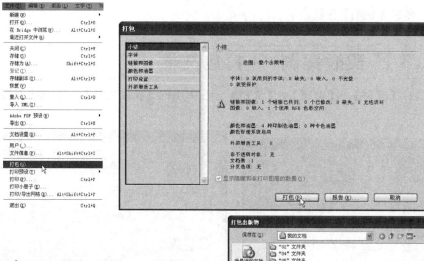

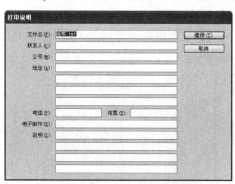

图10—14

10.2 打印设置

在文档创建完毕后，最终需要输出，了解与掌握基本的打印知识将会使打印更加顺利进行，并且有助于确保文档的最终效果与预期效果一致。

在文档中，执行【文件】>【打印】命令，弹出【打印】对话框，在对话框中可以设置打印的参数，如图10-15所示。

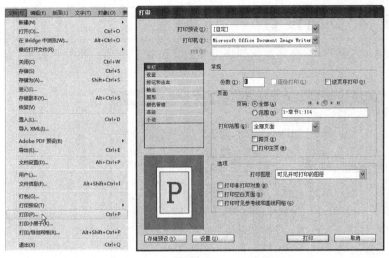

图10—15

10.2.1 / 常规设置

在【打印】对话框中，单击左侧列表框中的【常规】选项，将显示如图10-16所示的【常规】设置界面。**在【常规】中可以设置打印的【份数】、【页面】、【顺序】等**，与普通打印机的操作基本相同。

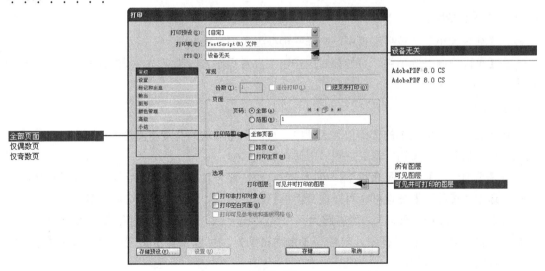

图10—16

在【份数】文本框中可以输入需要打印的份数，选中【逐份打印】复选框，将逐份打印内容。若选中【逆页序打印】复选框，将从后往前打印文档。

在【页面】选项组中，选择【全部】单选按钮，将打印全部页面；选择【范围】单选按钮，则打印【范围】中设置的页面；在【打印范围】下拉列表框中，可以选择要打印的范围为全部页面、偶数页面和奇数页面；选中【跨页】复选框，将打印跨页，否则将打印单个页面；若选中【打印主页】复选框，将只打印主页，否则将打印全部页面。

10.2.2 / 页面设置

在【打印】对话框中，选择左侧列表框中的【设置】选项，将显示如图10-17所示的【设置】界面。

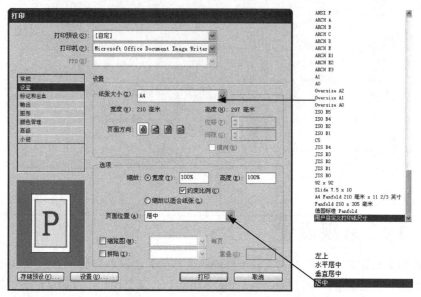

图10-17

1．纸张大小

在【纸张大小】下拉列表框中，选择一种纸张大小，如A4。

在【页面方向】选项中，可选择对应按钮，设置页面方向为纵向、反向纵向、横排或反向横排。

2．选项

在【选项】选项组中的【缩放】选项中，可以设置缩放的宽度与高度的比例，若选择【缩放以适合纸张】单选按钮，将缩放图形以适合纸张。

在【页面位置】下拉列表框中，可以设置打印位置为左上、居中、水平居中或垂直居中。

若选中【缩略图】复选框，可以在页面中打印多页，如1×2、2×2、4×4等。

若选中【拼贴】复选框，可将超大尺寸的文档分成一个或多个可用页面大小对应进行拼贴，在其右侧下拉列表框中，若选择【自动拼贴】，可以设置重叠宽度；若选择【手动拼贴】，可以手动组合拼贴。

10.2.3 / 标记和出血设置

打印文档时，需要添加一些标记以帮助在生成样稿时确定在何处裁切纸张及套准分色片，或测量胶片以得到正确的校准数据及网点密度等。

在【打印】对话框中，选择左侧列表框中的【标记和出血】选项，将显示如图10-18所示的【标记和出血】设置界面。

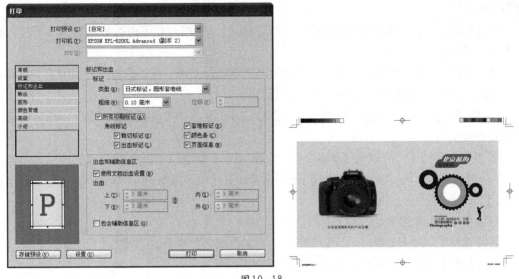

图10—18

1．标记

在【标记】选项组的【类型】下拉列表框中，可以选择类型为【默认】或【日式标记】的标记。若选择【默认】标记，可以在【粗细】下拉列表框中选择标记宽度；在【位移】下拉列表框中选择标记距页面边缘的宽度。若选中【所有印刷标记】复选框，将打印所有标记，否则可以选择要打印的标记，如裁切标记、套准标记、页面信息、颜色条或出血标记。

2．出血和辅助信息区

在【出血和辅助信息区】选项组中，若选中【使用文档出血设置】复选框，将使用文档中的出血设置，否则可在【上】、【下】、【内】或【外】数值框中设置出血参数。

> **小知识**
>
> 若要打印对页的双面文档，可在【上】、【下】、【内】或【外】数值框中设置出血。若选中【包含辅助信息区】复选框，可以打印在【文档设置】对话框中定义的辅助信息区域。

10.2.4 输出设置

在输出设置中，可以确定如何将文档中的复合颜色发送到打印机。启用颜色管理时，颜色设置默认值将使输出颜色得到校准。在颜色转换中的专色信息将保留；只有印刷色将根据指定的颜色空间转换为等效值。复合模式仅影响使用InDesign创建的对象和栅格化图像，而不影响置入的图形，除非它们与透明对象重叠。

在【打印】对话框中，选择左侧列表框中的【输出】选项，将显示如图10-19所示的【输出】设置界面。

在【颜色】下拉列表框中的各选项含义如下：

复合保持不变：将指定页面的全彩色版本发送到打印机，选择该选项，禁用模拟叠印。

复合灰度：将灰度版本的指定页面发送到打印机，例如，在不进行分色的情况下打印到单

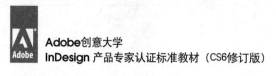

色打印机。

复合RGB：将彩色版本的制定页面发送到打印机，例如，在不进行分色的情况下打印到RGB彩色打印机。

复合CMYK：将彩色版本的指定页面发送到打印机，例如，在不进行分色的情况下打印到CMYK彩色打印机，该选项只用于PostScript打印机。

文本为黑色：将InDesign中创建的文本全部打印成黑色，文本颜色为"无"、纸色或与白色的颜色值相等。

若选择分色打印，可以在【陷印】下拉列表框中，选择【应用程序内建】选项，将使用InDesign中自带的陷印引擎；若选择【Adobe In-RIP】选项，将使用Adobe In-RIP陷印；若选择【关闭】选项，将不使用陷印。

若选中【负片】复选框，可直接打印负片。

在【翻转】下拉列表框中，可以翻转要打印的页面，如水平、垂直或水平与垂直翻转。

在【加网】下拉列表框中，选择一种加网方式。

在【油墨】选项组的列表框中可以选择一种油墨，设置该油墨的网屏与密布。

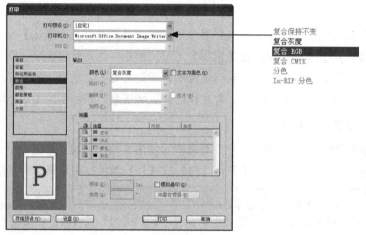

图10—19

10.3 创建PDF文档

在InDesign中完成设计效果后，要导出Adobe PDF文件。

Adobe PDF 是对全球使用的电子文档和表单进行安全可靠的分发和交换的标准。Adobe PDF 文件小而完整，任何使用免费 Adobe Reader软件的人都可以对其进行共享、查看和打印。

Adobe PDF 在印刷出版工作流程中非常高效。通过将复合图稿存储在 Adobe PDF 中，可以创建一个能够查看、编辑、组织和校样的文件。Adobe PDF 也可以用于后处理任务，例如准备检查、陷印、拼版和分色。

在InDesign中执行【文件】>【导出】命令，在弹出的【导出】对话框中，选择文件要存储的路径，在【保存类型】中选择【Adobe PDF（打印）】，如图10-20所示。单击【保存】按钮，弹出【导出 Adobe PDF】对话框，如图10-21所示。

Adobe PDF预设：在【Adobe PDF预设】下拉列表框中的选项分别是MAGAZINE Ad 2006(Japan)、PDF/X-1a：2001(Japan)、PDF/X-1a：2001、PDF/X-3：2002(Japan)、PDF/X-3：2002、PDF/X-4：2008(Japan)、高质量打印、印刷质量、最小文件大小。选择其中一个选项，其他设置会发生相应的改变，来统一文件的质量及大小。

　　兼容性：创建PDF文件时，需要决定要使用的PDF版本。在【兼容性】下拉列表框中选择版本。Acrobat 8/9 (PDF 1.7)为最新版本，它包括所有最新的功能。如果创建广泛发布的文档，要选择Acrobat 6 (PDF 1.5)或Acrobat 5 (PDF 1.4)，以确保更多用户都可以查看和打印文档。如果要将PDF文件提交给印前服务提供商，选择Acrobat 4 (PDF 1.3)或与服务提供商进行协商。

　　标准：PDF/X 是图形内容交换的ISO标准，它可以消除导致出现打印问题的许多颜色、字体和陷印变量。InDesign CS5支持PDF/X-1a：2001和PDF/X-1a：2003（对于CMYK工作流程），以及PDF/X-3：2002、PDF/X-3：2003和PDF/X-4：2008（对于颜色管理工作流程）。

图10-20

图10-21

10.3.1 　常规设置

　　指定基本的文件选项，它包括说明、页面、选项和包含，如图10-22所示。

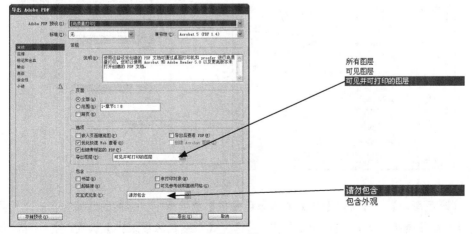

图10-22

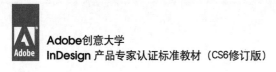
1．页面

在【页面】选项组中，若选择【全部】单选按钮，将导出全部页面；若选择【范围】单选按钮，在其右侧的文本框中设置要导出的页面。若选中【跨页】复选框，将导出跨页，否则将导出单个页面。

2．选项

在【选项】选项组中，包含以下选项：

嵌入式页面缩览图：选中此复选框，可以为导出的PDF创建缩略图预览，但添加缩略图将增加PDF文件大小。

优化快速Web查看：选中此复选框，可以减小PDF文件的大小，并优化PDF。

创建带标签的PDF：选中此复选框，在生成PDF时，可在文章中自动标记元素，包括段落识别、基本文本格式、列表和表格。导出到PDF前，可以在文档中插入并调整这些标签。

导出后查看PDF：选中此复选框，文件导出PDF后，将使用默认的应用程序打开并浏览新建的PDF。

创建Acrobat图层：选中此复选框，在PDF文档中，将每个InDesign图层（包括隐藏图层）存储为Acrobat图层。

3．包含

在【包含】选项组中，可以在PDF中包含书签、超链接、可见参考线和基线网格、非打印对象或交互式元素。

10.3.2 / 压缩设置

当将文档导出为Adobe PDF时，可以压缩文本和线状图，并对位图图像进行压缩和缩减像素采样，如图10-23所示。根据选择【Adobe PDF预设】的设置，压缩和缩减像素采样可以明显减小PDF文件的大小，而不会影响细节和精度。

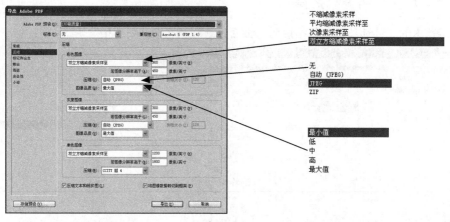

图10-23

在【彩色图像】、【灰度图像】或【单色图像】选项组中，它们的选项内容基本相同。

（1）在【插值方法】下拉列表框中，若选择【不缩减像素采样】选项，将不缩减像素采样；若选择【平均缩减像素采样至】选项，将计算样例区域中的像素平均数，并使用平均分辨率的平均像素颜色替换整个区域；若选择【次像素采样至】选项，将选择样本区域中心的像素，并使用该像素颜色替换整个区域；若选择【双立方缩减像素采样至】选项，将使用加权平均数确定像素颜色，双立方缩减像素采样时最慢，但是它是最精确的方法，并可产生最平滑的色调渐变。

（2）在【压缩】下拉列表框中，若选择【JPEG】选项，将适合灰度图像或彩色图像，JPEG压缩为有损压缩，这表示将删除图像数据并可能降低图像品质，但压缩文件比ZIP压缩获得的文件小得多；若选择【ZIP】选项，适用于具有单一颜色或重复图案的图像，ZIP压缩是无损还是有损压缩取决于图像品质设置；若选择【自动（JPEG）】选项，该选项只适用于单色位图图像，以对多数单色图像生成更好的压缩。

若选中【压缩文本和线状图】复选框，将纯平压缩（类似于图像的ZIP压缩）应用到文档中的所有文本和线状图，并不损失细节或品质。

若选中【将图像数据裁切到框架】复选框，将导出位于框架可视区域中的图像数据，可能会缩小文件的大小。

10.3.3 标记和出血设置

出血是图片位于打印定界框外的或位于裁切标记和裁切标记外的部分。标记是向文件添加各种印刷标记，包括裁切标记、出血标记、套准标记、颜色条和页面信息，如图10-24所示。

图10—24

10.3.4 输出设置

在【输出】设置界面中可以根据颜色管理的开关状态、是否使用颜色配置文件为文档添加标签以及选择的PDF标准，如图10-25所示。

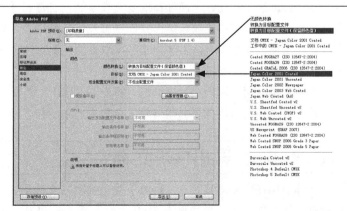

图10—25

10.3.5 安全性设置

当导出为Adobe PDF时，添加口令保护和安全性限制，可以限制打开此文件的用户，而且可以限制复制或提取内容、打印文档及执行其他操作的用户，如图10-26所示。

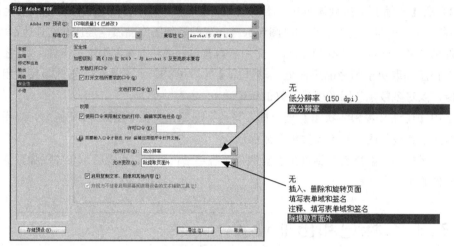

图10-26

若选中【打开文档所要求的口令】复选框，可进一步在【文档打开口令】文本框中设置保护PDF文件打开的口令。

若选中【使用口令来限制文档的打印、编辑和其他任务】复选框，可进一步在【许可口令】文本框中设置保护打印、编辑和其他任务PDF文件的口令。

在【允许打印】下拉列表框中，若选择【无】选项，将禁止用户打印文档；若选择【低分辨率（150dpi）】选项，可以使用不高于150dpi的分辨率打印；若选择【高分辨率】选项，能以任何分辨率进行打印，将高品质的矢量输出到PostScript打印机，并支持高品质的其他打印机。

在【允许更改】下拉列表框中，若选择【无】选项，将禁止用户对文档进行任何更改，包括填写签名和表单域；若选择【插入、删除和旋转页面】选项，将允许用户插入、删除或旋转页面，并创建书签和缩略图；若选择【填写表单域和签名】选项，将允许填写表单域并添加数字签名，但该选项不允许添加注释或创建表单域；若选择【页面版面、填写表单域和签名】选项，将允许插入、旋转或删除页面并创建书签或缩略图像、填写表单域并添加数字签名，该选项不允许用户创建表单域；若选择【除提取页面外】选项，将允许标记文档、创建并填写表单域、添加注释与数字签名。

若选中【启用复制内容】复选框，将允许从PDF文档复制并提取内容。

若选中【为视力不佳者启用辅助工具】复选框，将方便视力不佳者访问内容。

10.3.6 导出SWF文档

Flash（SWF）文件格式是一种基于矢量的图形文件格式，它用于适合 Web 的可缩放小尺寸图形。将 InDesign 文档导出为 SWF 文件之后，此 SWF 文件可在 Flash Player 中播放。

在InDesign中要导出 SWF，首先执行【文件】>【导出】命令。弹出【导出】对话框，在对话框中指定位置和文件名。在【保存类型】中选择【Flash Play（SWF）】，如图10-27所示。然后单击【保存】按钮，弹出【导出 SWF】对话框，如图10-28所示，可以指定以下选项，然后单击【确定】按钮。

图10-27

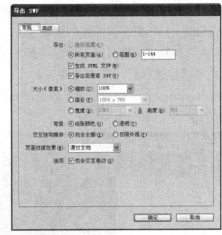

图10-28

大小（像素）：指定 SWF 文件根据百分比进行缩放，适合指定的显示器大小，还是根据指定的宽度和高度调整大小。

导出：表示应当包括文档中的所有页面，还是指定页面范围（例如 1-7, 9，表示的意思是打印页面 1-7 以及页面 9）。

跨页：如果选择此选项，每个跨页将被视为 SWF 文件中的单个剪辑，无论每个跨页中有多少个页面。如果没有选择此选项，每个页面将会变为一个单独剪辑，类似于幻灯片放映中单独的幻灯片。

栅格化页面：可将所有 InDesign 页面项目转换为位图。选中此复选框将会生成一个较大的 SWF 文件，并且放大页面项目的时候可能会有锯齿现象。

生成HTML文件：选中此复选框将生成回放 SWF 文件的 HTML 页面。对于在 Web 浏览器中快速预览 SWF 文件，此选项尤为有用。

导出后查看SWF：选中此复选框将在默认 Web 浏览器中回放 SWF 文件。只有生成 HTML 文件才可使用此选项。

文本：指定 InDesign 文本的输出方式。选择【Flash传统文本】以输出可生成最小文件大小的可搜索文本；选择【转换为轮廓】可将文本输出为一系列平滑直线，类似于将文本转换为轮廓；选择【转换为像素】可将文本输出为位图图像，放大时，栅格化文本可能会有锯齿现象。

交互：指定导出的 SWF 文件中包含的选项：按钮、超链接、页面过渡效果和交互卷边。如果选中【包含交互卷边】复选框，播放 SWF 文件的用户则可以拖动页面一角来翻转页面，从而展现翻阅真书页面的效果。

压缩：如果选择【自动】，可让 InDesign 确定彩色图像和灰度图像的最佳质量。对于大多数文件，此选项可以产生令人满意的结果。对于灰度图像或彩色图像，可以选择【JPEG（有损式压缩）】。JPEG 压缩是有损压缩，这意味着它会移去图像数据并可能会降低图像品

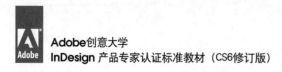

质，但是，它会尝试在最大程度减少信息损失的情况下缩小文件大小。因为 JPEG 压缩会删除数据，所以这种方式可以大大缩小文件的大小。选择PNG（无损式压缩）将会在无损耗压缩的情况下导出 JPEG 文件。

　　JPEG品质：指定导出图像中的细节量。品质越高，图像越大。对于【压缩】，如果选择【PNG（无损式压缩）】，则此选项将呈灰显状态。

　　曲线品质：指定贝塞尔曲线的精确度。较小的数字将减小导出文件的大小，并略微损失曲线品质。较高的数字将增加贝塞尔曲线重现的精度，但会产生稍大的文件。

　　设置完这些选项后，单击【确定】按钮，文件自动导出SWF文件，此时，会自动打开Microsoft Internet Explorer窗口进行预览，如图10-29所示。在指定存储的文件夹中就可以找到导出的SWF文件，如图10-30所示。

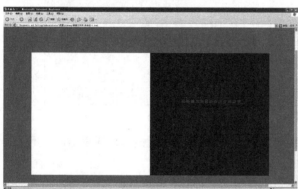

图10-29

图10-30

10.3.7 / 实战案例——导出印刷质量文档

　　01 执行【文件】>【打开】命令，打开"素材/第10章/三折页"文件，执行【文件】>【置入】命令，在弹出的对话框中选择"素材/第10章/素材2.jpg"文件，单击【打开】按钮，如图10-31所示。

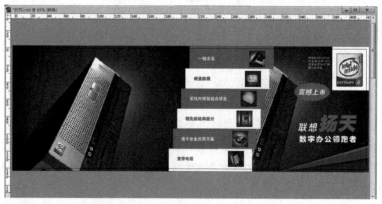

图10-31

　　02 单击软件左下角的印前检查状态栏 ⬤ 无错误 ▾ 右侧三级按钮，弹出快捷菜单，在弹出的快捷菜单中选择【印前检查面板】，如图10-32所示。

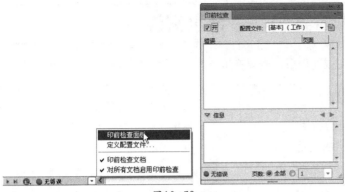

图10—32

03 确认无错误后,执行【文件】>【导出】命令,在弹出的对话框中单击【保存】按钮,弹出"导出 Adobe PDF"对话框,参数设置如图10-33所示。

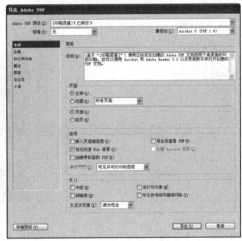

图10—33

04 单击左侧的【标记和出血】选项,参数设置如图10-34所示。单击【导出】按钮完成导出,效果如图10-35所示。

图10—34

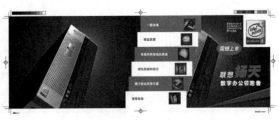

图10—35

10.4 综合案例——导出文件

某学生设计完成简历后，需要在InDesign中导出3种文件格式，以方便印刷、查看和传播。

知识要点提示

PDF文件导出的应用
SWF文件导出的应用

操作步骤

01 执行【文件】>【打开】命令，弹出【打开文件】对话框，选择"素材/第10章/简历.indd"文件，如图10-36所示。

图10—36

02 执行【文件】>【导出】命令，弹出【导出】对话框，在【导出】对话框中设置【保存类型】为【Adobe PDF（打印）】，如图10-37所示。单击【保存】按钮，弹出【导出 Adobe PDF】对话框，如图10-38所示。

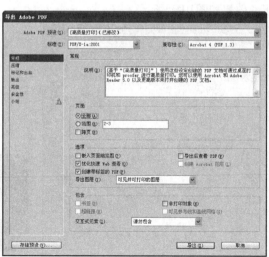

图10—37　　　　　　　　　　　　　　　图10—38

03 在【常规】设置界面中的【Adobe PDF预设】下拉列表框中选择【印刷质量】，在【标准】下拉列表框中选择【PDF/X-1a：2001】，在【页面】选项组中选中【跨页】复选框，其他均保持默认设置，如图10-39所示。

04 选择左侧列表框中的【压缩】选项，则可看到图像的像素比较高，图像品质是最大值，如图10-40所示。

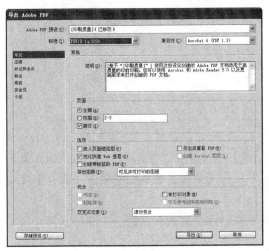

图10-39

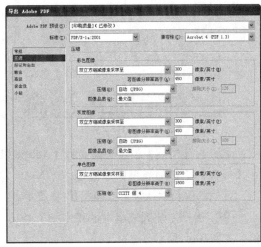

图10-40

05 选择左侧列表框中的【标记和出血】选项，在【标记】选项组中选中【所有印刷标记】复选框，然后在【出血和辅助信息区】选项组中选中【使用文档出血设置】复选框，如图10-41所示。

06 单击【导出】按钮，则完成输出印刷质量PDF的操作。可以在保存的路径中打开PDF文件，如图10-42所示。

图10-41

图10-42

07 继续执行【文件】>【导出】命令，弹出【导出】对话框，在【导出】对话框中设置【文件名】为"简历查看.pdf"，设置【保存类型】为【Adobe PDF（打印）】，如图10-43所示。单击【保存】按钮，弹出【导出 Adobe PDF】对话框，如图10-44所示。

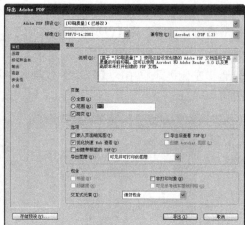

图10—43 　　　　　　　　　　　　　　　图10—44

08 在【常规】设置界面中的【Adobe PDF预设】下拉列表框中选择【最小文件大小】，在【标准】下拉列表框中选择【PDF/X-1a：2001】，在【页面】选项组中选中【跨页】复选框，其他均保持默认设置，如图10-45所示。

09 选择左侧列表框中的【压缩】选项，则可看到图像的像素比较低，图像品质是最小值，如图10-46所示。

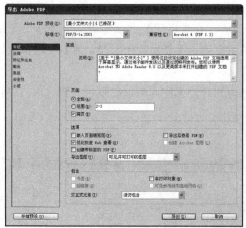
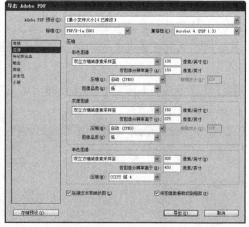

图10—45 　　　　　　　　　　　　　　　图10—46

10 单击【导出】按钮，则完成输出最小质量PDF的操作。可以在保存的路径中打开PDF文件，如图10-47所示。

图10—47

11 继续执行【文件】>【导出】命令，弹出【导出】对话框，在【导出】对话框中设置
【文件名】为"简历.swf"，设置【保存类型】为【Flash Player（SWF）】，如图10-48所示。
单击【保存】按钮，弹出【导出 SWF】对话框，如图10-49所示。

图10-48　　　　　　　　　　　　　　　　图10-49

12 单击【导出】按钮，则完成输出SWF文件的操作。此时，打开Microsoft Internet
Explorer窗口预览，可以在保存的路径中找到SWF文件，如图10-50所示。

图10-50

251

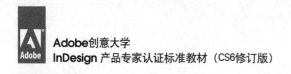

10.5 本章小结

通过本章的学习，基本掌握了InDesign在打印和输出PDF时相关参数的设置以及正确的操作步骤。使用InDesign的打印和输出PDF在工作中会经常遇到，掌握了参数的设置和正确的操作步骤，才能使工作顺利进行。

10.6 本章习题

选择题

（1）在准备打印文档时，需要添加一些（　　）以帮助在生成样稿时确定在何处裁切纸张及套准分色片，或测量胶片以得到正确的校准数据及网点密度等。

A. 标记　　　　　　B. 空白页　　　　　　C. 线

（2）标记是向文件添加各种印刷标记，不包括（　　）。

A. 出血标记　　　B. 套准标记　　　C. 页面信息　　　D. 颜色标记